烟草营养失调症状
原色图鉴

YANCAO YINGYANG
SHITIAO ZHENGZHUANG
YUANSE TUJIAN

■ 主编 雷强 庞良玉

四川科学技术出版社

图书在版编目（CIP）数据

烟草营养失调症状原色图鉴 / 雷强, 庞良玉主编.
-- 成都：四川科学技术出版社, 2022.6
ISBN 978-7-5727-0561-8

Ⅰ.①烟… Ⅱ.①雷… ②庞… Ⅲ.①烟草—植物营养缺乏症—图鉴 Ⅳ.①S572-64

中国版本图书馆CIP数据核字(2022)第088029号

烟草营养失调症状原色图鉴

| 主　　编 | 雷强　庞良玉 |
| 副 主 编 | 李斌　陈庆瑞　卞建锋　王谢　徐娅玲 |

出 品 人	程佳月
策划编辑	何　光
责任编辑	王双叶
封面设计	张维颖
责任出版	欧晓春
出版发行	四川科学技术出版社
	成都市锦江区三色路238号　邮政编码 610023
	官方微博：http://weibo.com/sckjcbs
	官方微信公众号：sckjcbs
	传真：028-86361756
成品尺寸	170mm×240mm
印　　张	20.25　字数405千
印　　刷	四川省南方印务有限公司
版　　次	2022年11月第1版
印　　次	2022年11月第1次印刷
定　　价	180.00元

ISBN 978-7-5727-0561-8

邮购：四川省成都市锦江区三色路238号　邮政编码：610023
电话：028-86361770　电子信箱：sckjcbs@163.com

本书编委会名单

主 编
雷 强 庞良玉

副主编
李 斌 陈庆瑞 卞建锋 王 谢 徐娅玲

编 委（按音序排列）

卞建锋 陈庆瑞 陈玉蓝 樊红柱 郭仕平
何佶弦 雷 强 雷 晓 李 斌 李晓华
庞良玉 王 谢 王 勇 夏建华 谢 强
谢云波 徐娅玲 阳莘丽 杨军伟 杨民烽
杨 鹏 杨兴有 杨 洋 杨懿德 杨 宇
姚 莉 张凤仪 张启莉 邹宇航

— 序 言 —

　　中国是烟草生产第一大国，全国年均种植面积1 300余万亩[①]，收购烟叶3 500余万担[②]。由于烟草种植效益稳定，已成为部分贫困地区"财政增收弱不得、烟农致富离不得、乡村振兴少不得"的重要支柱产业之一。烟草是以收获叶片为最终目的的经济作物，对养分需求较为敏感，营养不足或过量均会影响烟叶的产量与品质，对种烟效益造成不同程度的损失。因此，正确诊断烟草营养状况，及时进行矫正补救，是提升烟叶供给质量、提高烟农种烟收益的重要技术保障。

　　市场上关于烟草营养诊断及施肥管理技术的书籍较多，但直观、系统的营养失调诊断及矫正技术方面的书籍较少。为此，编者在借鉴前人研究成果的基础上，在中国烟草总公司四川省公司支持下，经过一系列精密实验，获取了烟草生长发育必需的11种营养元素（氮、磷、钾、钙、镁、硫、硼、铁、锌、锰、铜）的缺素症状以及生产上易出现的部分元素的过量中毒症状的彩色图谱，并对营养失调症状及矫正技术进行详细描述。

---

　　①1亩≈667平方米。
　　②1担=50千克。

　　本书综合了编者前期编写的《烟草营养失调症状图谱及矫正技术》，补充了大量不同时期的症状特征，图片更为系统、清晰，症状更为全面、典型，是一本系统全面、形象直观的烟草营养失调症状诊断图书，适合各级烟草专业技术人员使用，也可作为相关研究人员、生产管理技术人员、专业院校教学及学生的参考书。

　　本书图谱是利用云烟85、云烟87、云烟97为供试品种，采用超纯水水培栽培，在严格的单一营养元素缺乏或过量条件下获得的典型症状，与大田生产中形成的多因素复合症状可能存在一定差异，实际应用时应注意，并注意区分病虫害、异常气候等造成的类似症状，灵活应用。

　　编者在烟草营养失调症研究过程中得到了中国烟草总公司四川省公司以及凉山彝族自治州、攀枝花市、泸州市、宜宾市、广元市、达州市、德阳市等市（州）烟草公司以及四川省农业科学院的大力支持，同时也得到相关专家的悉心指导，特别是涂仕华博士对相关研究的系统指导。在本书编写过程中，也引用了相关专家的研究成果，在此一并深表谢意。

　　由于时间仓促，加之参考资料较少，研究人员和编委会水平有限，书中难免出现不妥之处，敬请同行及广大读者批评指正。

本书编委会

一目 录一

一、氮

氮是植物生长发育需求量最大的必需营养元素之一,是影响植物生长、产量形成及产品品质等的重要元素。植物体内氮含量一般占其干重的0.3% ~ 5.0%,平均含量约为1.5%,而含量的多少与植物种类、器官、发育阶段和施肥等密切相关。氮主要以无机态(铵态氮和硝态氮)被植物吸收,也有一部分有机态氮(尿素)可被吸收。植物吸收氮后,绝大部分是以有机态存在于植物体内,是植物体内许多有机化合物的组成成分,其中80% ~ 85%的氮是蛋白态氮,其次是核酸态氮,占植物氮的10%左右,其他如酶、叶绿素、维生素、生物碱和植物激素等都含有氮素,仅少量以无机盐的形式存在,如硝酸盐。

1. 氮对烟草的影响

氮是烟草的主要营养元素,是对烟草的生长发育和产质量影响最大的营养元素。氮是烟草蛋白质、核糖核酸(RNA)、脱氧核糖核酸(DNA)、磷脂的组成成分,是各种细胞器及新细胞形成所必需的营养元素。氮也是组成烟株内各种氨基酸与生物碱等含氮化合物的元素。氮素除直接参与细胞组成外,还对烟株的光合作用和其他养分的吸收有较大的影响。氮素的供应状况直接影响烟株体内的碳氮代谢强度,对三羧酸循环有重要影响。作为对烟草有特殊意义的物质,烟碱是烟草中含氮较高的氮化物,其代谢是烟草氮代谢的重要内容之一,也是与其他高等植物比较较为特殊的代谢。

氮素供应适当时,对烟草农艺性状、生育期、产量、产值、均价、上等烟比例、外观质量等都有较好的影响,并且烟碱适宜,氮碱比协调,评吸质量也较好。在一定范围内提高施氮量能增加烟叶产量和提高烟叶等级。适宜的氮浓度可促进烟株干物质积累,并影响烟株矿质养分的含量和积累量,从而影响烟叶产量和品质(王国峰等, 2014)。氮素不足不仅会影响烟草氮代谢, 还会影响到其他代谢, 导致烟叶蛋白质和烟碱含量低, 糖碱比失调, 油分缺乏, 香气气味差, 品质也差。

2. 土壤供氮

土壤的含氮量变幅较大, 我国耕地土壤的全氮含量多在 0.05% ~ 0.1%, 其中 98% 以上为有机态氮形式存在, 不能为烟株所直接吸收利用, 需要转换为无机态氮才能被烟株利用, 而土壤无机态氮仅占土壤全氮量的 1% 左右, 因此, 绝大部分植烟土壤都不能满足烟株生长发育对氮素营养的需求, 要使烟草正常生长发育, 并获得适当产量和优良品质的烟叶, 就必须施用氮肥。

陈江华等 (2008) 提出, 植烟土壤供氮能力可用土壤有机质含量和土壤有效氮两个指标来共同表达: 壤土有机质< 15 g/kg 为适宜, 15 ~ 25 g/kg 为丰富, > 25 g/kg 为很丰富; 黏土有机质< 25 g/kg 为适宜, 25 ~ 35 g/kg 为丰富, > 35 g/kg 为很丰富; 碱解氮< 65 mg/kg 为适宜, 65 ~ 100 mg/kg 为丰富, > 100 mg/kg 为很丰富; 无机氮< 25 mg/kg 为适宜, 25 ~ 35 mg/kg 为丰富, > 35 mg/kg 为很丰富。

3. 营养液中氮浓度对烤烟生长及营养失调症状的影响

作者水培试验研究表明, 当营养液中无氮时, 正常育苗的烟苗移栽后 7 天左右开始表现出缺氮症状; 在正常生长 1 个月后进行无氮处理, 处理后 20 天左右开始出现缺氮症状。缺氮时, 烟株首先从下部叶开始发黄, 并向上扩展, 上部叶颜色偏淡, 随后整株黄化, 下部叶泛白、干枯, 易脱落, 植株生长严重受阻, 矮小, 叶片也小。

4. 烟叶含氮

烟叶中总氮含量的正常范围在 1.2% ~ 3.5%, 在不同的烟草栽培类型之间差异较大。作者水培试验结果表明, 烟株表现缺氮症状时, 旺长期烟叶氮含量为 1.14% ~ 1.37%。

5. 氮缺乏症状

烟叶缺氮, 首先是烟叶下部叶褪绿黄化, 烟株生长不良, 烟株、叶片都较瘦弱、矮小, 整株叶色变淡, 缺氮较重的, 烟株下部叶干枯死亡, 与正常烟株比较差异明显。

缺氮烟株叶片黄化首先从下部叶片开始, 然后逐渐向中上部叶扩展, 叶片组织缺乏弹性、质脆。严重缺氮时, 整个烟株叶片褪绿黄化, 下部叶呈棕褐色干枯，逐渐脱落；烟株生长缓慢，植株矮小，叶小而薄，叶片向上直立，节间短，出现早花、早衰。缺氮烟叶烘烤后叶薄色淡，缺乏油性、弹性与香气。

与正常烟叶比较，缺氮的烟叶表观差异较大，缺氮症状明显（图1-1）。

正常　　　　　　　　　　　　　缺氮

图1-1　正常烟叶与缺氮烟叶比较

烟叶各生长期缺氮的主要症状及进程表现：

苗期缺氮，首先是下部叶片开始失绿变黄，整株叶色变浅，植株生长明显变慢（图1-2）。随着缺氮时间延长，缺氮症状越来越严重，黄化向中上部叶片蔓延，下部叶片向白化、干枯方向发展（图1-3）。随着植株继续生长，症状不断加重，烟叶失绿黄化症状从下部叶蔓延到上部叶，新叶最后也黄化。缺氮后期下部叶白化，最后干枯碎烂脱落，新叶也黄化，烟株矮小，叶片小，节间短，生长严重受阻（图1-4）。

旺长期缺氮，基本表现和苗期一样，首先是下部叶开始失绿黄化。缺氮初期，中、上部叶表观症状表现不明显，下部叶黄化（图1-5）。随着缺氮时间的延长，烟叶失绿黄化症状从下部叶向中上部叶蔓延，上部叶绿色变淡，外观上明显看出植株整体褪绿变黄，烟株生长受阻，节间短，植株矮小，叶形变小（图1-6）。后期症状逐渐加重，黄化向上发展，下部叶片枯焦（图1-7）。

缺氮烟株到开花初期，下部叶片基本白化、干枯，逐渐脱落；中部叶片黄化严重，上部叶片无法展开。烟株弱小，纤细，整株叶片都较小、中上部叶直立（图1-8）；盛花期，严重缺氮时烟株纤弱，中上部叶片较小且直立，下部叶白化、易脱落，最后干枯碎烂（图1-9）。

烟叶缺氮的叶片症状表现：烟叶缺氮最明显的特征是叶片黄化。缺氮初期，烟叶叶片逐渐褪绿变黄，颜色上与正常叶片有明显区别（图1-10、图1-11），初期时叶脉褪绿较慢，能明显看到绿色的叶脉。随着缺氮时间延长，烟叶叶片黄化程度增加，叶脉也褪绿，整片叶都黄化（图1-12），最后叶片白化，出现枯死斑，直至叶片枯死（图1-13）。

大田烟叶缺氮与正常烟叶有非常明显的区别（图1-14），缺氮烟叶下部叶片黄化明显，整株烟叶颜色偏淡，植株矮小，明显看出长势较差（图1-15），严重缺氮时，烟叶全株黄化，整个烟田烟叶都是一片黄色（图1-16）。

6. 氮过量症状

氮素供应过量，会导致烟株生长迅速，株型高大呈伞状，叶片肥大粗糙，叶色浓绿，叶片肥厚下垂，组织柔软，易倒，抗病、抗逆性下降，易遭病虫害的侵袭，落黄差或不落黄，成熟晚，难于烘烤，最终形成"黑暴烟"，烤后烟叶品质较差（图1-17）。

7. 施肥及矫正技术

烟株从土壤中吸收的氮素主要形态为硝态氮和铵态氮，其次是酰胺态氮。这三种形态的氮在施入土壤中的转化情况不同。综合国内烟草科研与生产的实践经验，从经济施肥角度考虑，在烟草上应提倡硝态氮与铵态氮的合理配合施用，硝态氮用作提苗肥和追肥为好，硝态氮的用量以占烟田施氮总量的30%～40%为宜。在南方烟区降水量大、土壤淋溶作用强的植烟土壤上，氮肥单次应当适当少施；在北方烟区降水量小、土壤淋溶作用弱的植烟土壤上，氮肥可适当多施。

大田烟叶前期缺氮，应及时兑水追施硝酸钾 150 kg/hm^2 或硝铵磷复合肥（N-P$_2$O$_5$-K$_2$O 为 30-6-0）75 kg/hm^2；旺长期后缺氮土壤施肥已较难操作，可采用叶面喷施，喷施0.5%～1.0%的硝铵磷浸出液，可适当矫正。

氮肥过量，前期可采用浇水淋洗，后期可采取推迟打顶、合理留杈等措施，让烟花、烟芽多消耗一些氮素使其自然落黄；也可以播种一些耗肥的作物，如黑麦草类，吸收部分氮素，或喷施磷酸二氢钾促进叶片落黄。

图1-2 烟叶苗期缺氮初期，下部叶失绿

图1-3 烟叶苗期缺氮中期症状，中部叶失绿，下部叶开始枯焦

图1-4　烟叶缺氮后期，全株黄化，下部叶枯死

图1-5　烟叶旺长期缺氮初期，下部叶黄化

图1-6　烟叶旺长期缺氮中期症状，全株失绿

图1-7　烟叶旺长期缺氮后期症状，下部叶枯焦

图1-8 缺氮烟株到开花初期，症状严重

图1-9　烟叶盛花期严重缺氮，下部叶白化、干枯

图1-10　缺氮前期叶片症状，褪绿变黄

图1-11　正常叶片

图1-12　缺氮中后期叶片症状，整叶黄化

图1-13　缺氮后期叶片症状，逐渐白化，形成枯斑

图1-14 大田烟叶缺氮（左）和正常烟叶（右）比较，颜色、株型差异非常明显

图1-15 大田烟叶缺氮症状表现

图1-16　大面积严重缺氮烟叶情况

图1-17 大田烟叶氮过量症状表现

二、磷

磷是植物生长发育所必需的大量营养元素之一，是重要的生命元素，在植物的生长和繁育过程中具有不可替代的作用。植株中磷的含量占干重的 0.2% ~ 1.1%，大多数作物的含磷量为 0.3% ~ 0.4%，其中大部分是有机态磷，约占全磷量的 85%，无机态磷仅占 15% 左右。有机态磷主要以核蛋白、核酸、磷脂和植素等形态存在；无机态磷主要以钙、镁、钾的磷酸盐形态存在，在植物体内均有重要作用。

在植物生长发育过程中，磷对植物分蘖、分枝、根系生长、碳水化合物合成与转化运输以及种子、块根、块茎的生长等都有重要影响，并与植物对环境的适应性及抗逆性密切相关。磷与氮关系密切，缺氮时，磷的作用也不能充分发挥。凡富有生命力的幼嫩组织和繁殖器官，磷的含量都比较高。磷在植物器官中的含量是种子＞叶片＞根系＞茎秆，含磷量最少的是纤维。在同一植物的不同生育期，含磷量也不同，幼苗期＞成熟期。植物含磷量也受土壤供磷水平影响，施用磷肥会增加土壤有效磷含量，植物吸收的磷也会高于缺磷土壤。

磷主要以 $H_2PO_4^-$ 或 HPO_4^{2-} 的形态被植物吸收，主要以正磷酸盐的形态进入体内，并且以同一形态直接参与植物体内的物质代谢。

磷对作物生长发育的影响是全方位的。及时供给作物充足的磷素营养，对促进作物代谢过程顺利进行、促进作物体内物质的合成、分解、移动和积累，以及实现根深、秆壮、发育完善、提高产量、改善品质等都具有重要作用。

1. 磷对烟草的影响

磷是烟草生长必需的营养元素之一，是烟株体内核蛋白、磷酸腺苷、磷脂、核酸、植素及含磷酸辅酶等多种重要化合物的组成成分，并以各种方式参与生物遗传信息和能量传递，直接影响烟草碳水化合物的合成与分解、运输及氮代谢协调等，对促进烟草的生长发育和新陈代谢十分重要。磷营养状况与烟草生长、产量、品质密切相关，缺磷或磷过量对烟叶产量、品质均会产生不利影响。

适量的磷有利于烟草的新陈代谢，促进烟草成熟，改善烟叶的色泽与香味，从而使烟叶的内在品质得到提高。磷缺乏会导致烟草生长发育不良，叶片长、宽变小，生长速度变慢，生育期延长，开花推迟，成熟不正常，烟叶的产量和质量受到严重影响。生长前期缺磷，会导致植株根系发育不良，抗病力与抗逆力明显降低；生育后期缺磷，会导致烟叶成熟推迟，调制后缺乏光泽，品质低劣。适当的磷肥施用量有利于烟株的前期生长发育，同时可以增强烟株的抗病性，能有效减少气候型斑点病和花叶病的发生，并在一定程度上提高烟叶的质量，不同的磷素施用量对烟叶的产量没有显著影响。但磷过量，烟叶的质量会有所下降（谢喜珍等，2010）。磷过多，易促进氮的吸收过多，造成烟叶增厚、叶脉突出、组织粗糙、烟株早花和贪青迟熟。烟叶烘烤后缺乏油分、弹性，易破碎；磷过量还能促进锰的吸收而导致叶片有带灰的杂色（挂灰烟）。

2. 土壤供磷

土壤中的磷素来源于成土矿物、土壤有机质和所施用的肥料。土壤含磷量受多种因素的影响，如土壤母质、成土过程和耕作施肥等。我国大多数植烟土壤全磷含量为 0.04% ~ 0.25%，其中，有效磷（P_2O_5）含量小于 3 mg/kg 供应水平的占 50% 以上。南方烟区酸性土壤中的磷酸离子易与土壤中的活性铁、铝离子形成溶解度低的铁－磷化合物或铝－磷化合物，使烟株难以吸收。在这些土壤上种植烟草容易发生缺磷现象。

我国植烟土壤磷的丰缺指标为速效磷（P_2O_5）含量＜ 10 mg/kg 为缺乏，10~20 mg/kg 为适中，20~40 mg/kg 为丰富，＞ 40 mg/kg 为很丰（高）。不同区域土壤速效磷含量存在差异，东北烟区最高，为 37 mg/kg；黄淮烟区最低，为 14.1 mg/kg；西南、中南、两湖烟区土壤速效磷含量介于前两者之间，且逐步增加，分别为 18.2 mg/kg、21.4 mg/kg、26.9 mg/kg（岳伦勇等，2014）。

3. 营养液中磷浓度对烤烟生长及失调症状的影响

作者水培试验研究表明：当营养液中无磷时，正常烟苗移栽后半个月左右表现出缺磷症状，首先下部叶出现形状不规则的浅褐色小斑块。当营养液中磷浓度为 7 mmol/L 时，烟株无明显缺磷症状。

4. 烟叶含磷

烟叶磷含量的正常范围为 0.15% ~ 0.5%。作者水培试验结果表明，烟叶表现缺磷症状时，旺长期烟叶磷含量为 0.188%、成熟期磷含量为 0.205%。

5. 磷缺乏症状

磷在植物体内易移动，因此缺磷症状首先从老叶表现出来。从作者水培试验可以看出，正常烟苗移栽半个月后，缺磷植株开始表现出症状，首先是下部叶出现不同斑块，其中以带晕的圆形褐色斑、棕色斑和普通褐色斑块为主，后逐渐变为红褐色，斑点联合成枯焦斑块，出现穿孔，易破碎，症状逐渐向上部叶发展。烟株生长缓慢，矮小，节间变短，叶片变窄，新叶直立。

与正常烟叶比较，缺磷的烟叶表观差异较大，缺磷症状明显（图 2-1、图 2-2）。

图2-1　正常烟株

图2-2　缺磷烟株

烟叶各生育期缺磷的主要症状及进程表现：

苗期缺磷，一般从叶尖端部分开始发病，首先从下部叶开始出现棕色、褐色斑块，褐色斑块有部分看上去似有水渍状（图2-3）；随着缺磷时间延长，病斑增多、扩大（图2-4）。开盘期缺磷，中下部叶出现缺磷斑，上部叶基本无病斑（图2-5）。随着生长，缺磷症状也发展较快，中下部叶被各种缺磷病斑覆盖（图2-6），并逐渐向上部叶发展，下部叶缺磷斑快速发展至满叶，若不补充磷肥，烟叶最终会死亡（图2-7）。

烟叶缺磷的主要病斑特征：一种是看似有水渍状的褐色圆形斑块，外面有一圈颜色较浅的环形晕（图2-8）；另一种是以褐色、棕色为主的不规则的斑块（图2-9），后期斑块内叶易碎，易出现裂纹。

旺长期缺磷，症状首先从下部叶开始表现，烟株纤弱，叶片细小，下部叶黄化，发生病斑（图2-10）。随着缺磷时间延长，症状逐渐向中上部叶蔓延，中下部叶很快布满斑块（图2-11），下部叶片逐渐症状连片，部分叶片形成成片的褐色腐烂状枯死，甚至整片叶枯死（图2-12）。

发展到成熟期，后期生长的节间拉长，叶片细长，无可用价值。同时下部叶枯死，上部叶细长，整株烟叶表现为纤弱、细高（图2-13）。

同期比较，缺磷烟株与正常烟株外观差异很大（图2-1、图2-2、图2-14）。

烟叶缺磷的叶片症状表现：缺磷对烟叶生长影响较大，长时间磷不足会严重影响烟叶叶片发育，时间越长表现越明显，到旺长期烟叶整株叶片不仅病斑满布，叶型也以细长为主，基本没有可用价值（图2-15）。在无磷条件下，烟叶很快会表现出严重的缺磷状况，严重程度从烟叶病斑情况可直观反映出来（图2-16）。从烟叶缺磷进程来看，缺磷初期，烟叶上出现少量病斑（图2-17）。随着缺磷时间延长，烟叶上病斑数量大量增加，并且病斑类型多样（图2-18～图2-21）。随着缺磷严重程度增加，烟叶上病斑数量大幅度增加，基本布满全叶（图2-22），随后病斑逐渐干枯、破裂（图2-23、图2-24）。

在严重缺磷情况下，若不补充磷肥，最终将导致烟株死亡；补充磷肥后，新出叶可恢复正常，补救效果较好（图 2-25）。

6. 磷过量症状

磷过多，烟叶上不但会出现小焦斑，还会影响烟叶对硅的吸收；水溶性磷还可与土壤中的锌结合，降低锌的有效性，易造成烟株缺锌。磷易促进氮的吸收过多，造成烟叶增厚、叶脉突出、组织粗糙、烟株早花、烟株贪青晚熟，烟叶烘烤后缺乏油分、弹性，易破碎，并易形成挂灰烟。

7. 施肥及矫正技术

我国植烟土壤绝大部分都缺磷，生产上必须重视磷肥的施用，同时还要注意土壤性质对磷有效性的影响，如北方地区石灰性和中性土壤中的钙容易与磷酸离子结合生成溶解度很低的磷酸钙化合物，影响磷的有效性；南方地区酸性土壤中的活性铝、活性铁容易与磷酸离子形成溶解度很低的铝－磷化合物、铁－磷化合物，使磷的有效性降低，在这些土壤上种植烟草，都易发生缺磷现象。缺磷对烟株生长前期影响最大，若生长前期磷肥供应不足，将严重影响烟叶生长，致使烟叶成熟期明显推迟。因此，在缺磷的植烟土壤上栽烟，磷肥多采用移栽前作为基肥渗合在行内或撒施等一次施入。磷素在作物体内移动性大，再利用率可达吸收量的 70% ~ 80%，磷肥作基肥的效果比作追肥明显。在中、后期出现缺磷的烟株，以叶面喷施磷肥效果较好，可用 1% ~ 2% 过磷酸钙或 0.2% ~ 0.5% 的磷酸二氢钾分次喷施，可有效提高烟叶的产量和品质。

图2-3　苗期缺磷，下部叶出现棕色、褐色斑块

图2-4　随着缺磷时间延长，病斑增多、扩大

图2-5 开盘期缺磷初期，中下部叶片出现缺磷斑

图2-6 症状随着生长加重，病斑覆盖整叶

图2-7 后期中部叶完全被病斑覆盖

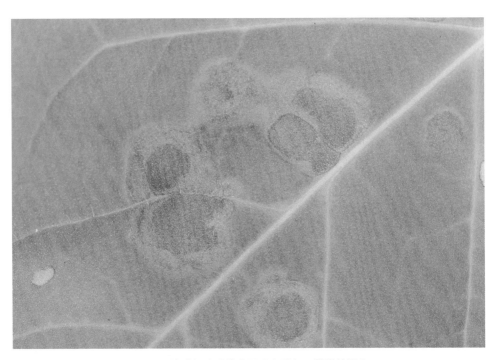

图2-8　缺磷烟叶叶片主要病斑特征：带晕的圆斑

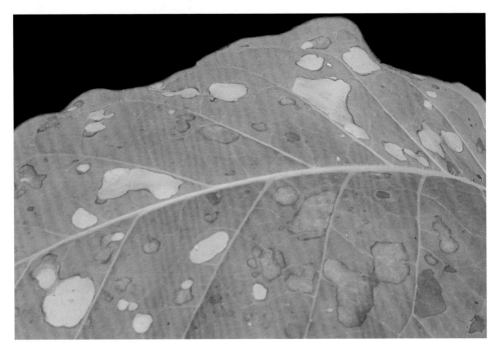

图2-9　烟叶缺磷叶片主要病斑特征：不规则的褐色、棕色斑块

图2-10　旺长期缺磷初期，烟株纤弱，下部叶出现病斑

图2-11 旺长期缺磷中期，病斑布满中下部叶

图2-12　旺长期缺磷后期，中下部叶逐渐枯死

图2-13　到成熟期，烟株纤细，下部叶干枯

缺磷

正常

图2-14 同期烟株比较

基部叶

顶部叶

图2-15 旺长期烟叶缺磷整株叶片及症状表现

图2-16　缺磷在叶片上的症状表现，严重的满布病斑，并且斑块破裂

图2-17　缺磷初期叶片症状，出现少量病斑

图2-18　随着缺磷时间延长，斑块快速增多，形状各异

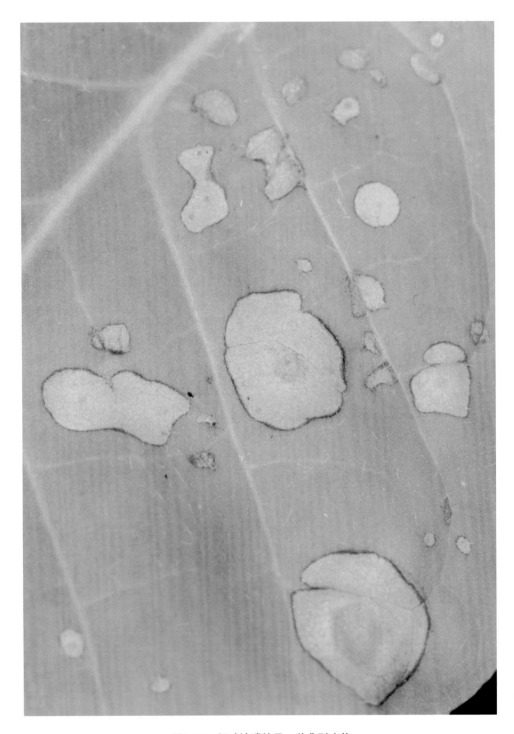

图2-19　烟叶缺磷的另一种典型症状

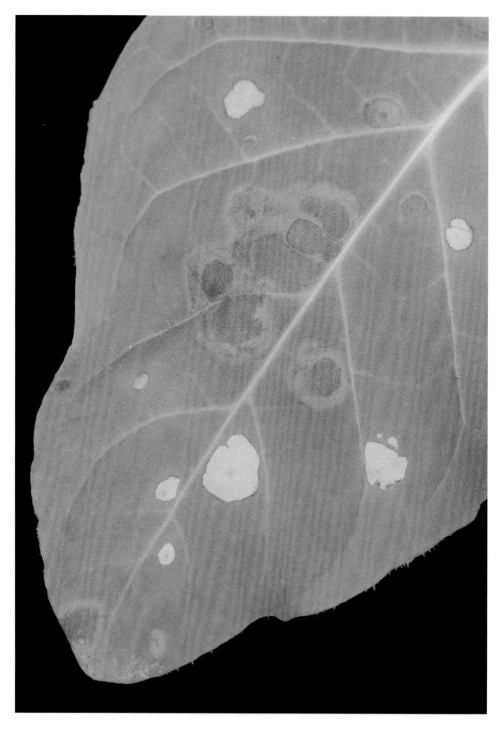

图2-20　大部分缺磷烟叶是几种类型病斑同时出现

图2-21　有部分缺磷烟叶以小褐色斑点为主

图2-22　烟叶缺磷比较严重的症状表现：病斑布满全叶

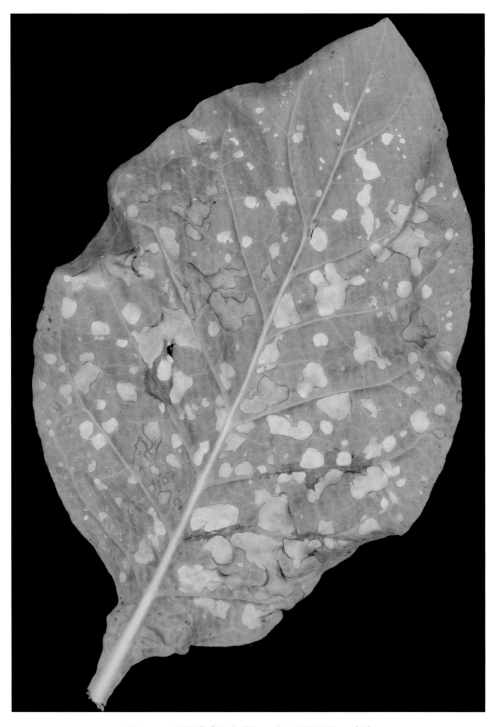

图2-23　随着缺磷程度增加，病斑逐渐干枯、破裂

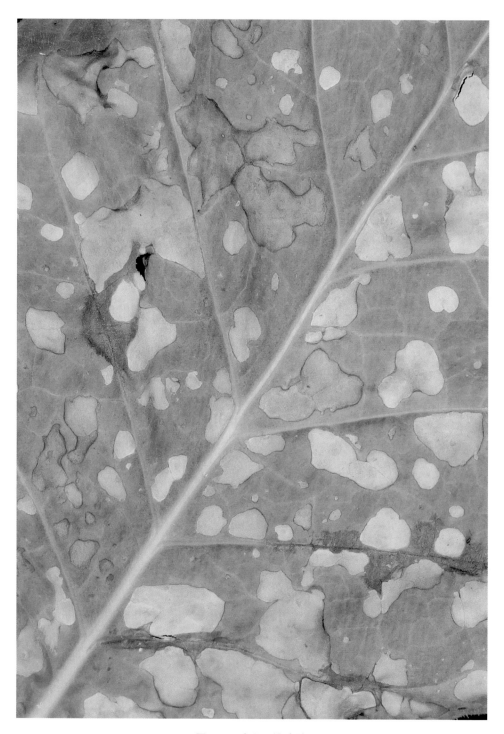

图2-24　病斑开始破裂

严重缺磷　　　　　　　　　　补磷后恢复

图2-25　烟株严重缺磷及补磷恢复情况

三、钾

　　钾是植物吸收量很大的一种营养元素，在植物体内的含量仅次于氮，有些植物含钾量甚至比氮高。一般植物体内的含钾量占干物质质量的0.3%～5.0%，占植物体灰分质量的50%。植物体内的含钾量常因植物种类和器官的不同而有很大差异。通常含淀粉、糖等碳水化合物较多的作物含钾量较高，在块根、块茎、纤维、糖料作物如甘薯、马铃薯、苎麻、大豆及烟草中，作物吸收的钾含量远高于氮和磷。

　　植物通过根系从土壤中选择性地吸收土壤中的水溶态钾离子（K^+），进入植物体内的钾主要存在于韧皮部汁液中，约占钾离子总量的80%。钾在植物体内流动性很强，易于转移，并且会随植物生长中心转移而转移。因此，钾可被植物多次反复利用，当植物体内钾不足时，钾首先被分配到幼嫩组织中。

　　钾在植物体内主要以离子态存在，它以可溶性无机盐形式存在于细胞中，或以钾离子形态吸附在原生质胶体表面，至今尚未在植物体内发现含钾的有机化合物。钾具有高速透过生物膜且与酶促反应关系密切的特点，直接或间接参与植物生长的所有过程。钾是蛋白质合成不可缺少的元素，是许多酶的活化剂。钾具有提高植物根系活力与养分吸收及运输效率、调节细胞渗透压、增强植株的保水和吸水能力等作用。同时也具有促进植物光合作用、加速同化产物的合成与运输、提高植株呼吸效率、减少体内物质和能量的消耗作用。钾能保卫细胞的进出，可以调节气孔的开放，控制蒸腾作用，调节植物体内的水分平衡，增强植株的抗旱、抗冻、抗盐和抗病虫的能力，并且能促进氮的吸收和蛋白质核酸的形成，还能促进豆科植物根瘤菌的固氮作用。

1. 钾对烟草的影响

烟草是喜钾作物，钾是烟草吸收的所有营养元素中最多的元素，一般认为是氮的 2 ～ 3 倍，是烟叶灰分的重要成分。钾能显著改善烟叶的燃烧性，提高烟叶香气、吃味和品质，对提高烟叶可用性具有重要作用。钾素的营养水平对烟叶的成熟过程影响特别明显。生产上增施钾肥可使烟叶在成熟阶段保持较高的相对含水量，并调节烟叶细胞中的保护酶如 POD（过氧化物酶）活性的平衡，延迟衰老；充足的钾能提高烟叶干物质含量，促进烟叶内有机物的转化，降低下部叶片假熟比例，促进上部叶片的充分成熟，从而提高鲜烟叶品质。增施钾肥能明显改善烟叶品质，增加烟叶香气，改善烟叶颜色、光泽和组织结构，使烟叶总糖、还原糖含量增加，烟气烟碱量降低，烟叶产量、上等烟比例、均价、产值不同程度增加。另外，烟叶对钾具有奢侈吸收特性，在钾供应充足的情况下，适当增施钾肥仍有继续改善烟叶品质的可能。

钾是烟叶的品质元素，烟叶钾含量被认为是评价烟草品质优劣的重要指标之一。钾能提高烟叶外观和内在品质，增强烟叶燃烧性和阴燃持火力。烟叶中的钾可以降低烟叶燃烧时的温度，减少烟气中的有害物质和焦油释放量，提高烟叶制品吸食的安全性。

烟草生长过程中钾元素供应不足时会出现一系列的生理反应，包括叶面积减少、光合速率下降，严重影响烟株的生物量积累。含钾多的叶片柔软，组织细致，外观质量好，但钾供应过多会引起淀粉大量积累，叶片变厚、变脆，调制后烟叶色泽不佳。在缺钾情况下，烟叶缺乏油性和弹性，燃烧性不良，香气、吃味也受影响。

2. 土壤供钾

我国农业土壤全钾含量一般在 1.5% ～ 2.5%。就全国而言，由南向北、自东向西，土壤含钾量有增加的趋势，即华北、西北地区黄土的全钾量比南方地区的红壤高。土壤中钾素形态可分为结构钾、非交换性钾、交换性钾和水溶性钾，其中90%是交换性钾。速效钾是植物可吸收利用的钾，一般只占土壤全钾的0.1%～2%。我国植烟土壤全钾含量平均在1.2%左右，有效钾含量多在50～150 mg/kg，对一般作物来说基本能满足需要，但对烟草来讲，大部分还是偏低。如南方多雨烟区，由于钾易被淋失，部分植烟土壤有效钾含量小于50 mg/kg，生产上表现为钾素营养不足而出现缺钾症。水溶性钾转化为非交换性钾，也是降低钾有效性的重要因素之一。含有蛭石、伊利石和云母等2：1型黏土矿物的黄棕壤、潮土、黑钙土的固钾能力较强。钾的固定常因干旱、干湿交替而加强。土壤理化性质差、环境不良，如排水不畅、地下水位高、土壤坚实、通透性差、土壤湿度不适、温度低等都会引起土壤中的钾有效性降低；连作或前茬种植需钾较多的作物，如甘薯、马铃薯等，也会使土壤含钾量降低；而偏施氮肥，破坏烟株体内的氮、钾平衡等，也会诱发缺钾症。

我国植烟土壤钾的丰缺指标为速效钾（K_2O）含量＜80 mg/kg为极缺乏（低），80～150 mg/kg为缺（低），150～220 mg/kg为适中，220～350 mg/kg为丰富（高），＞350 mg/kg为很丰（高）。

3. 营养液中钾浓度对烤烟生长及失调症状的影响

营养液中钾水平对烟株生长发育及钾吸收影响很大。低钾水平下的烟株地上部及根系质量、烟株生理特性及各部位钾含量均低于常钾水平（王英锋等，2021）。当营养液中钾素水平较低时，烟草苗期叶片、茎、根干物质质量与全株干物质质量均随着营养液中钾水平的提高而增加，当营养液中钾水平为300 mg/L时，烟草叶片、茎、根和全株的干物质质量达最大值，分别为9.71 g/株、6.85 g/株、2.11 g/株和18.67 g/株。营养液中钾水平高于300 mg/L时，烟株苗期干物质质量出现下降趋势（介晓磊等，2009）。

作者水培试验研究表明，当营养液中钾浓度为0时，正常烟苗移栽半个月左右开始表现出缺钾症状，首先下部叶叶尖、叶边缘发黄，出现浅绿色斑块，叶片向下翻卷，然后逐渐加重。当营养液中钾浓度为12 mmol/L时，烟株外观表现正常，未出现缺钾症状。

4. 烟叶含钾

通常优质烟叶含钾量应在 2% 以上。然而，我国烟叶平均含钾量仅为 1% ～ 2%，远远低于国外优质烟叶钾含量水平。供钾充足时，由上至下烟叶含钾量逐渐增高；当供钾不足时，下部烟叶中的钾离子则会向上运输，因而随叶位的上升钾含量也上升。

同一烟株全钾分布趋势为：叶＞茎＞根＞芽，其中，茎中含钾量明显高于根，上茎明显高于下茎。同一烟叶中的含钾量为：叶脉＞叶柄＞叶肉＞叶缘（解文贵等，1996）。不同部位烟叶钾含量存在显著差异，分别为下部叶＞中部叶＞上部叶。烟叶在不同生育期内对钾素的吸收和累积都与钾素的供应呈正相关（张一扬等，2004）。在烟叶钾含量高的情况下，烟叶钾含量随叶位升高呈下降趋势；当烟叶钾含量在 2.0% 以下，特别是氮钾营养不协调时，会引起下部叶的钾向上运输（胡小凤，2006）。

作者水培试验测试，烟株表现缺钾症状时，旺长期烟叶钾含量≤ 2.9%。

5. 钾缺乏症状

钾在烟株体内呈离子态存在，容易移动，烟株缺钾，症状从下部叶开始出现，首先是烟叶叶尖发黄，叶尖、叶缘处出现浅绿色斑块，随后沿着叶尖、叶缘呈 V 形向内扩展；然后逐渐从叶缘开始枯死，叶片向下翻卷，并向上部叶片发展。严重缺钾时，烟叶粗糙发皱，凹凸不平，V 形继续向内扩展，从黄色变为棕黄色，并逐渐扩大，局部出现灼烧状，造成组织坏死，穿洞成孔，导致烟叶枯死脱落。缺钾后期，叶缘枯死，残缺不齐，叶尖向叶背卷曲，症状向中上部叶发展，植株生长缓慢，矮小。由于钾移动性较好，新叶还能不断长出，但很快就出现缺钾症状。

与正常烟叶比较，缺钾的烟叶表观差异较大，缺钾症状明显（图 3-1）。

正常　　　　　　　　缺钾

图3-1　正常与缺钾烟叶比较

烟叶各生育期缺钾的主要症状及进程表现：

烟叶苗期缺钾，大部分出现泡泡叶现象，整株叶片都出现不平展的起泡现象，然后下部叶开始出现大块的失绿斑（图3-2），很快下部叶片叶尖发黄，叶尖、叶缘处出现棕色斑块，随后沿着叶尖、叶缘呈V形向内扩展（图3-3）。随着缺钾时间的延长，症状加重，下部叶片斑块逐渐发展连片，并向上部叶片发展。从下到上叶片枯死斑块逐渐扩大、连成片，最后整片叶枯黄、干碎，直到症状发展到整株烟叶叶片（图3-4）。发展到后期，植株下部叶片基本焦枯（图3-5）。

旺长期缺钾，首先是中下部叶叶尖、叶缘表现失绿症状（图3-6），失绿黄化斑沿着叶尖、叶缘呈V形向内扩展，逐渐发展到整片叶，并向上部叶片发展（图3-7）。随着缺钾时间延长，症状加重，中下部叶黄化斑块连成片，但叶脉保持有部分绿色（图3-8）。到后期，烟叶从下到上叶片枯死斑块扩大、连成片，除顶部几片叶外，整株叶片都枯黄，下部叶开始枯死、干碎，最后全株近乎焦枯（图3-9）。

成熟期缺钾，烟株和叶片症状与前期缺钾症状相似。首先，中下部叶片尖端失绿，出现黄化斑块，然后逐渐向内、向上发展，后期下部叶焦枯（图3-10）。

烟叶缺钾的叶片症状：烟叶缺钾初期，叶片的典型症状是叶尖端失绿，形成黄化斑，黄化斑逐渐干枯（图3-11）。从全株叶片来看，中等程度缺钾烟叶叶片症状明显，下部叶片黄化斑严重，开始出现破裂斑，中部叶叶尖、叶缘失绿黄化，上部叶细长，缺钾斑症状相对较轻（图3-12）。从典型叶片来看，缺钾表现严重的叶片斑块满布，部分斑块焦枯，症状轻的病斑沿叶尖、叶缘向全叶发展（图3-13），严重缺钾烟株典型叶片症状主要是老叶焦枯，碎烂，其他叶片黄化斑明显（图3-14）。

从烟叶缺钾进程来看，缺钾初期，烟叶叶尖端及叶缘开始出现V形失绿黄化斑（图3-15），随后症状逐渐加重，尖端斑块开始出现枯黄，黄化斑向叶内发展（图3-16），继续扩展到叶中、基部（图3-17）。到后期，病斑布满全叶，并出现大块的焦枯斑（图3-18），最后叶片枯死、碎烂（图3-19）。

大田缺钾，明显可见烟叶叶尖端出现失绿黄化现象，比较严重的下部叶片上出现连片的黄化斑块，中上部叶片顶端叶缘出现枯死斑块（图3-20）。

6. 钾过量症状

过多的钾并不易造成明显可见的症状。

7. 施肥及矫正技术

烟草植株前期缺钾，每公顷用硫酸钾150 kg兑水施用；旺长期后发现缺钾，每公顷用磷酸二氢钾15 kg兑水3 000 kg叶面喷施。合理搭配氮、钾比例。硝酸钾和硫酸钾都是烟草较好的钾肥，也是生产上常用的钾肥，由于硫也是烤烟生长过程中必需的营养元素，因此，在提高烤烟硝态氮的使用比例时，也必须考虑硫酸钾的搭配使用，既降低钾肥的成本，又能保证烟株营养的平衡。

图3-2　烟叶苗期缺钾初期，出现泡状失绿斑

图3-3　症状发展较快，叶尖端出现枯死斑

图3-4　随着缺钾时间的延长，症状加重

图3-5　发展到后期，烟株下部叶片基本焦枯

图3-6　旺长期缺钾初期，中下部叶尖、叶缘失绿

图3-7 失绿黄化逐渐发展

图3-8　随着缺钾时间延长，症状逐渐加重

图3-9　缺钾后期，全株近乎焦枯

图3-10　成熟期缺钾，症状从中下部叶开始，逐渐向上部叶片发展

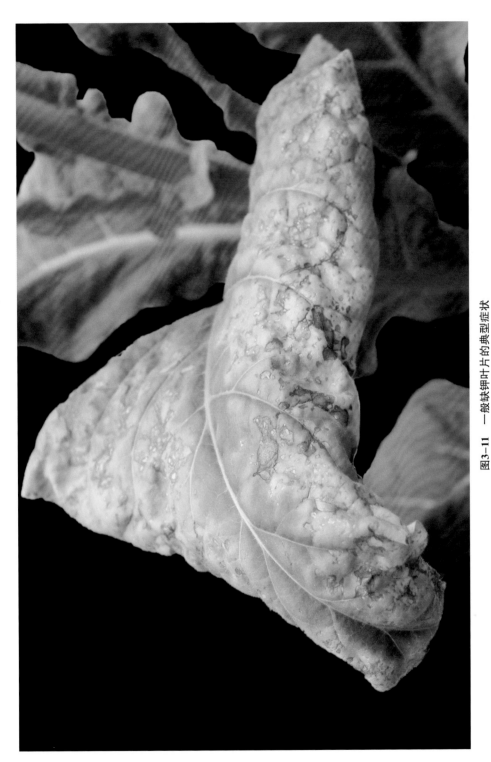

图3-11　一般缺钾叶片的典型症状

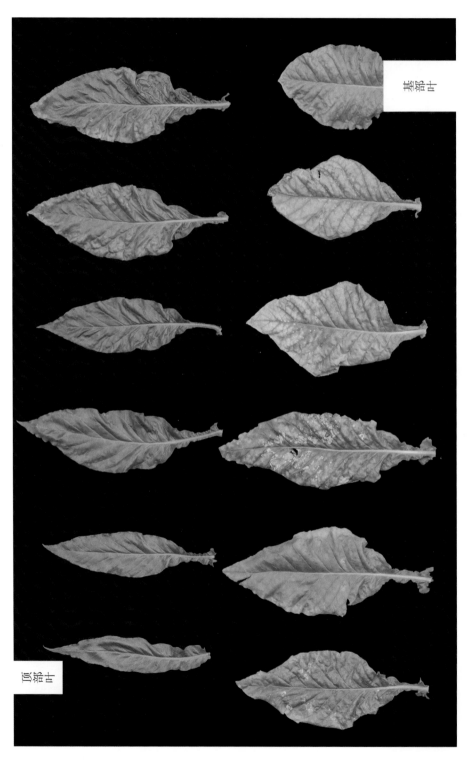

图3-12 中度缺钾烟株全株叶片症状情况

基部叶

顶部叶

图3-13　中度缺钾烟株叶片症状，中间最重

图3-14 严重缺钾烟株叶片症状

图3-15　缺钾初期，叶尖端开始出现失绿黄化斑

图3-16 症状逐渐加重，黄化斑向叶内发展

图3-17　症状继续加重

图3-18　后期，缺钾症状发展到整片叶面

图3-19　最后叶片枯死、碎烂

图3-20　大田缺钾，叶尖端失绿黄化

四、钙

　　植物的幼嫩根尖从土壤中吸收氯化钙、硫酸钙等盐类中的钙离子，钙离子进入植物体后一部分以离子状态存在，一部分形成难溶盐（如草酸钙），还有一部分与有机物相结合。钙在植物体内主要分布在老叶或其他老组织中。钙是植株体内很难移动和再利用的营养元素，因此缺钙首先从植株顶端生长点开始表现症状。

　　植物钙含量一般为 0.1% ~ 5.0%，其含钙量受植物的遗传特性影响很大，而受介质中钙供应量的影响却较小。不同植物种类、部位和器官的含钙量差异很大。通常含钙量是双子叶植物较高，单子叶植物较低；地上部分较多，地下部分较少；茎、叶，特别是老叶含量较多，果实、籽粒中含量较少。在植物细胞中，钙大部分存在于细胞壁上。细胞中胶层和质膜外表面含钙量较高；细胞器中，钙主要分布在液泡中，细胞质内较少。

　　钙是植物细胞膜的重要组成成分，是合成植物细胞壁胞间层中果胶酸的必需元素，能促进细胞的分裂和新细胞的形成，维持细胞膜的结构和性质，并具有防止细胞液外渗的作用。钙参与染色体的结构组成并保持其稳定性。钙是植物细胞中许多酶的活化剂，特别能增强与氮代谢有关的酶活性，对细胞代谢调节起重要作用。钙离子与氢离子、铵离子、铝离子和钠离子有拮抗作用，可缓冲或减少这些离子过多时引起的毒害作用。钙能中和植物新陈代谢生成的有机酸，形成如草酸钙、苹果酸钙、柠檬酸钙等不溶性有机钙，起到调节 pH 值、稳定细胞内环境的作用。钙离子能降低原生质胶体的分散度，调节原生质的胶体状态，使细胞充水度、黏滞性、弹性以及渗透性等适合于作物生长。供钙充分，能增加植物叶绿素和蛋白质的含量，延迟衰老。钙对提高植物的抗寒性、抗旱性及抗病性都具有一定的作用。缺钙会引起叶绿素含量降低，缘腐病发病率上升，叶片干、鲜样质量降低。生长中后期，特别是新生内叶易发生钙素营养失调症。钙浓度过高会降低植物对钾、镁的吸收，而对氮、磷的吸收影响不大（范双喜等，2002）。

1. 钙对烟草的影响

钙是烟草灰分中的主要成分，烟草中钙的吸收量与钾吸收量相近，略低于钾。烟株通过非共质体途径吸收钙。烟草生长的不同时期对钙的吸收和利用效率有很大差别。在烟草移栽初期，由于干物质的累积很少，因此烟株吸收的钙也很少，烟株对钙的大量吸收出现在移栽后五周左右。

钙是烟株体内最不易移动的营养元素之一，是不能再利用的营养元素。烟株缺钙会造成生理紊乱，游离氨基酸含量明显增加。缺钙时淀粉、蔗糖、还原糖等在叶片中大量积累，叶片变得特别肥厚，根和顶端不能伸长，缺钙同时会影响烟株对水分和养分的吸收，植株发育不良。缺钙烟叶调制后，组织粗糙、身份厚、油分少、叶片易破碎。但钙吸收过多，容易延长营养生长期，导致成熟推迟，对品质不利。烟叶中钙含量过高，烟叶表现为粗糙、僵硬，叶片的硬度增加，烟叶的使用价值降低，钙过量还可能造成一些微量元素的失调。钙对烤烟的产量和品质有重要影响。对烤烟施钙肥能促进烟株的生长发育，改善其植物学性状，增加色素含量，提高烟株的光合强度和蒸腾强度，使烟叶产量、品质得到提高，进而增加了烤烟的经济效益（杨宇虹等，1999）。

2. 土壤供钙

土壤中钙含量与成土母质类型有关。交换性钙是土壤主要交换性盐之一，是植物可利用的钙。土壤钙的有效性主要受土壤全钙含量、土壤 pH 值、土壤阳离子交换量和钙的饱和度以及黏土矿物种类影响。一般认为，交换性钙 < 0.05 ～ 0.06 mg/kg 时，烟株可能缺钙。南方烟区淋溶作用强的强酸性、低盐基土壤容易发生缺钙。从对曲靖不同土壤类型钙含量分析看，植烟土壤交换性钙平均含量依次为新积土＞紫色土＞红壤＞水稻土（刘坤等，2017）。

土壤交换性钙含量和交换性钙镁比值与海拔高度之间均存在显著负相关关系（胡建新等，2011）。由于钙与钠离子有拮抗作用，钠离子会抑制烟株对钙的吸收，因此，在盐分浓度过高的钙质土壤上也容易发生缺钙；土壤中高浓度的镁、钾、钠、铵、氢等离子都会抑制烟株对钙的吸收，因此在酸性土壤或铵态氮、钾肥施用过量时，也可能诱发烟株缺钙。

我国植烟土壤钙的丰缺指标为交换性钙含量 < 4 cmol/kg 为缺乏（低），4~6 cmol /kg 为适中，6~10 cmol /kg 为丰富（高），> 10 cmol /kg 为很丰（高）。

3. 营养液中钙浓度对烤烟生长及失调症状的影响

介晓磊（介晓磊等，2005）水培试验表明，钙浓度从 75 mg/L 到 900 mg/L，烟草生长量呈抛物线形变化。钙浓度 150 mg/L 时烟株干物质量最大；钙浓度超过 150 mg/L，烟株干物质随钙的增加而下降；当钙素达 900 mg/L（钾 / 钙为 1/6) 时，烟株生长严重受到抑制。随着供钙水平由低到高，烟株氮、磷、钾、锌、锰含量均呈抛物线形变化，烟株各养分积累量均随营养液钙浓度提高呈抛物线形变化，但不同养分出现最大积累量时的营养液钙浓度却不相同。

作者水培试验表明，当营养液中无钙时，正常烟苗移栽后 13 天出现缺钙症状，烟株矮小，新叶尖端开始出现褐色，新叶向下卷曲，后死亡。营养液中钙浓度为 0.1 mmol/L 时，烟苗移栽后 13 天，烟株稍矮小，部分新叶尖端开始出现褐色；移栽后一个月，烟株矮小，新叶全部变成褐色，向叶背卷曲，长出许多侧芽和腋芽，均出现褐色，中下部叶片黄绿相间，叶脉周围为黄色，上部叶向叶背卷曲，叶厚实，叶脉呈褐色，叶脉间似有褐色锈粉状物质；移栽后 52 天，顶部簇生芽均褐色死亡，每片叶的基部丛生很多腋芽，同样出现褐色死亡，叶厚粗糙，叶片沿支脉黄化。当营养液钙浓度为 0.5 mmol/L 时，移栽后一个月，烟株稍矮小；移栽后 50 天，部分新叶出现褐色，向下翻卷生长，花蕾出现褐色，不能正常开花。当营养液中钙浓度为 1 ~ 10 mmol/L 时，烟株无明显症状。当营养液中钙浓度为 20 mmol/L 时，移栽后 52 天，烟株开花，顶部呈逆时针螺旋状。营养液中钙浓度为 40 mmol/L 时，移栽后一个月，烟株上部叶叶色浓绿，顶部叶呈逆时针螺旋状。表明营养液中当钙 ≤ 0.5 mmol/ 时，出现缺钙症状；1 mmol/L ≤ 钙 ≤ 10 mmol/L 时，烟株无明显症状；当钙≥ 20 mmol/L 时，出现钙过量中毒症状，但烟株能继续生长发育。

4. 烟叶含钙

钙在烟草植株中以叶部含量最多，占全株总含钙量的 70% ~ 80%，各部位的分布按含量多少依次为叶 > 茎 > 根。烤烟对钙的吸收在移栽后 40 ~ 60 天出现一个高峰。烟叶品种间钙含量差异较大，如云烟（2.55%）> K326（2.23%）。烟叶钙含量与土壤 pH 值、交换性钙含量呈极显著正相关，其中土壤 pH 值对烟叶钙含量的影响最大（李晓婷等，2019）。钙在整个烟株中的分布老叶多于新叶，随着叶片着生部位的升高，钙含量下降。

烟叶含钙量通常为 1.5% ~ 2.5%。但我国烟叶钙平均含量达 3.45%，超过了钾的含量，大大高于国外优质烟的钙含量 (2.5% 左右)，相当一部分超过了 3.6% 的上限，说明烟叶的钙含量偏高（胡国松等，1997）。

作者水培试验研究表明，烟株表现缺钙症状时，团棵期烟叶钙含量为 0.58% ~ 0.70%，成熟期烟叶下部叶钙含量为 1.97%，中部叶钙含量为 0.71%，上部叶钙含量为 0.49%。

烟株表现钙过量中毒症状时，团棵期烟叶钙含量为 3.04% ~ 4.22%，成熟期烟叶钙含量为 4.45%。

5. 钙缺乏症状

钙在烟株体内的移动性较差，缺钙症状首先出现在烟株上部嫩叶、幼芽上。烟叶缺钙外观症状主要有两种情况：一种是无钙供应，烟株顶芽很快停止生长并死亡，四周不断新生出新芽，但也很快死亡，形成丛生平顶，最终顶端新芽全部死亡。若在苗期缺钙，烟苗将很快死亡。第二种是钙不足，主要症状表现是烟叶失绿，新叶叶脉两侧叶肉出现褐色变异，叶片向外翻卷，严重的整片烟叶叶肉均变成褐色，停止生长，不严重的烟叶可继续生长，最后还能开花，但花蕾大多变褐死亡。

苗期发现缺钙后施钙肥恢复培养，由于生长点死亡，新芽从基部重新发出，原有芽死亡，新长出的芽几乎没有分支，新生烟株生长迅速，有一定生产意义。

与正常烟叶比较，缺钙的烟叶表观差异较大，缺钙症状明显（图 4-1 ~图 4-3）。

图4-1　正常烟苗

图4-2　缺钙（无钙）初期烟苗

图4-3　缺钙（钙不足）初期烟苗

烟叶各生育期缺钙的主要症状及进程表现：

苗期缺钙（正常烟苗移栽后不供钙），新叶失绿，幼叶尖端外弯，叶片皱缩，向叶背卷曲，新叶出现棕（褐）色斑点（块），幼叶尖端及边缘枯死（图4-4、图4-5）。随着生长，缺钙症状加重，叶片褪绿明显，新叶褐色斑增多、加重，生长点褐色死亡，烟苗基本不再继续生长（图4-6）。随着缺钙时间延长，整株烟苗叶片变黄，生长点坏死，植株矮小，烟株停止生长，很快死亡（图4-7）。

苗期钙供应不足，不同程度缺乏钙的烟株生长情况有差异，总的表现是烟株幼叶尖端外弯，叶片外卷，新叶颜色变浅，叶肉出现褐色小斑块或斑点，然后连成片，形成脉间条状的褐色斑块（图4-8、图4-9）。由于钙能支撑烟苗前期一定的生长，在生长到一定程度时，缺钙开始严重，叶尖出现坏死斑点，叶片褐色斑块增多，顶端生长基本停止，开始发生侧芽（图4-10）。由于生长点最终坏死，周围侧芽大量发生，但侧芽、主芽都因缺钙坏死，形成一个褐色的丛生株型，叶片也大量形成褐色斑块，生长最终停止（图4-11、图4-12）。

旺长期缺钙，在不同缺乏度的情况下，烟株症状表现有所差异。在严重缺钙情况下，烟株顶端生长受阻并坏死，停止向上生长，导致侧芽大量发生，上部叶腋芽也大量发生，烟株上部及顶端叶芽丛生，烟株顶端形成丛生平顶状，烟叶新叶叶尖坏死成干枯尖，烟叶基本停止生长（图4-13），很快侧芽、腋芽也出现与顶芽相同症状，顶端死亡，叶片皱缩，新叶叶尖枯死，植株及叶片停止生长，叶尖和叶缘逐渐死亡，叶片呈扇贝状，叶缘不规则（图4-14）。在钙不足，但能支撑顶端继续生长的情况下，症状首先表现为烟株顶端新叶叶脉两侧叶肉出现褐色变异，叶尖端外弯，叶片向外翻卷，新叶颜色变浅，叶脉两边褐色叶肉连成片，形成沿叶脉两边的带状褐色条，下部叶片出现大面积黄化斑（图4-15），此时烟株顶部特征明显，顶部叶片叶脉两侧叶肉褐色变异，沿叶脉两侧形成褐色条斑（图4-16）。缺钙进一步严重，症状也加重，整个新叶都变成褐色无法展开，叶尖外翻，生长点也基本死亡（图4-17）。

缺钙较轻的植株可继续生长，但植株矮小，到成熟期时（蕾期），中下部叶黄化（叶脉绿色保留时间较长），并慢慢向白化发展，最后干枯死亡；部分花蕾也变成褐色死亡（图4-18、图4-19）。

成熟期不同程度缺钙烟株的症状表现：轻度缺钙，花蕾、包叶尖端和花瓣上有褐色斑点（斑块）（图4-20）；缺钙稍重的情况下，花蕾伸出，包叶尖端和花瓣尖端都是褐色，但叶片没有明显症状（图4-21），虽然叶片没有明显症状，但烟株瘦高纤细，烟叶叶片细长，下部叶黄化，花蕾开花困难（图4-22）。

缺钙较重的烟株，上部叶片沿叶脉两侧布满了褐色条状斑，叶尖外翻，叶片外卷，花蕾基本成为褐色（图4-23）。随着继续生长，症状更重，花蕾伸出，但基本褐色死亡，不能开花（图4-24）。

同期移栽的烟苗，缺钙烟株难以生长，钙不足的烟株生长也受到较大影响，与正常生长烟株相比差异很大（图4-25）。

6. 钙过量症状

烟叶钙过量对烟株生长影响较大（图4-26）。烟叶钙过量时，下部叶失绿变黄，上部叶为深绿色，并出现皱叶，叶片变小，直立，顶部叶反时针方向螺旋扭曲生长（图4-27、图4-28）。烟叶叶片起皱、扭曲、呈螺旋形状生长是钙过量中毒最明显的特征（图4-29）。

严重钙过量中毒时，上部叶皱缩，扭曲畸形生长，叶片向下翻卷。

7. 施肥及矫正技术

对于交换性钙含量较高的植烟土壤，一般不需要施入钙肥，只有在pH值低于5的酸性土壤上需施钙肥，不仅能补充钙素营养，还能调节土壤pH值，提高土壤中营养元素的有效性。当土壤pH值小于5时，砂质土每公顷施375 kg生石灰，黏质土每公顷施750 kg生石灰。缺钙早期，也可喷施0.3%～0.5%硝酸钙溶液或0.5%过磷酸钙溶液，隔5～7天喷1次，连续喷2～3次。

烟草大田钙中毒一般不会出现。

图4-4 苗期缺钙（无钙）初期，新叶出现棕（褐）色斑点（块）

图4-5 图4-4顶端特写

图4-6　随着生长，症状加重，生长点褐色死亡

图4-7　最后整株枯死

图4-8　苗期钙不足初期症状

图4-9　图4-8顶端特写

图4-10　烟苗能继续生长到一定程度，然后顶端生长点死亡

图4-11 生长点、新叶坏死，侧芽也坏死

图4-12 新叶叶尖、生长点、侧芽都坏死

图4-13 旺长期严重缺钙植株，形成丛生平顶

图4-14　旺长期严重缺钙烟株顶部特征

图4-15　旺长期钙不足烟株，顶端新叶外弯，叶肉褐色，下部叶黄化

图4-16　钙不足时烟株新叶叶片叶脉两侧形成褐色条斑

图4-17 症状加重，新叶变成褐色无法展开，叶尖外翻

图4-18　缺钙较轻烟株蕾期状况，植株矮小，中下部叶黄化

图4-19　图4-18顶端特写

图4-20　轻度缺钙烟株到成熟期，花蕾、包叶尖端和花瓣上有褐色斑点

图4-21　轻度缺钙烟株到成熟期，花蕾、花瓣尖端形成褐色斑

图4-22　轻度缺钙烟株成熟期症状，花蕾褐色死亡

图4-23　缺钙较重的烟株状况，花蕾基本死亡

图4-24　花蕾褐色死亡

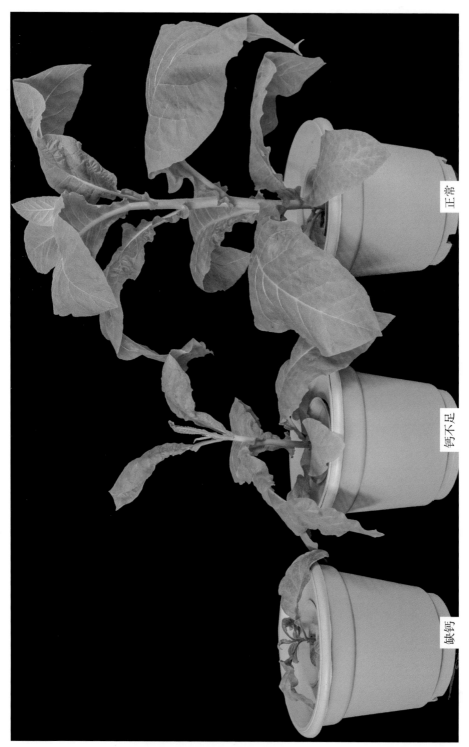

正常

钙不足

缺钙

图4-25 正常烟株与不同缺钙程度烟株比较

图4-26　钙中毒与正常烟株比较

正常

钙中毒

图4-27 钙中毒时烟株下部叶失绿变黄，上部叶出现皱叶

图4-28　钙中毒时烟株上部叶叶片直立，顶端螺旋扭曲生长

图4-29 烟叶钙过量中毒的典型特征：叶片起皱、扭曲、呈螺旋状生长

五、镁

镁与植物生理反应和细胞组织结构发育密切相关，是植物正常生长发育所必需的营养元素。镁以镁离子的形态被作物吸收，进入植物体后，一部分形成有机化合物，大部分（70% 左右）在植物体内以游离态存在，属于较易移动的元素，容易从老器官向新组织转移。镁是植物体内多种酶的活化剂，是 DNA 和 RNA 以及蛋白质合成中氨基酸活化过程的参与者，是构成叶绿素的主要矿质元素，直接影响植物的光合作用和糖、蛋白质的合成。镁能促进磷酸盐在植物体内的运转，参与脂肪代谢和促进维生素 A 和维生素 C 的合成。高浓度 Mg^{2+}、K^+ 有利于维持叶绿体和细胞质的 pH 值。

镁在植物体内的含量一般为 0.05% ~ 0.7%，低于钙素含量。不同植物含镁量差异较大，一般豆科植物地上部分是禾本科植物的 2 ~ 3 倍。植物器官和组织中的镁含量不仅受植物种类和品种的影响，而且受植物生育时期、施肥及许多生态条件的影响。

1. 镁对烟草的影响

镁是烟草生长发育必不可少的营养元素，它对促进烟草生长发育、改善其植物学性状、增加叶绿体色素含量、增强光合作用、促进碳水化合物的合成与转化等都具有重要作用，从而影响烟草的产量和品质；同时，由于镁是谷氨酰胺合成酶的活化剂，从而影响烟株的氮代谢，最终影响烟叶的产量和品质（崔国明等，1998；刘国顺等，1998；李明德等，2004）。研究表明，合理施用镁肥能显著提高烟叶的镁含量，显著改善烤烟的植物学性状，对烤烟产质量有积极的影响。

烤烟镁含量随土壤有效镁含量的升高而显著增加（张森等，2018）。烟草镁素营养不仅取决于土壤有效镁的含量，且受土壤各种养分的相互作用和植株体内各种离子拮抗作用的影响（李士敏等，1999；李伏生，2000）。镁与钾、锌之间存在着拮抗关系；烟草全株体内钙含量和铜含量的变化趋势分为两个阶段，即营养液中镁浓度较低时（40 ~ 80mg /L），烟草全株体内钙含量和铜含量随着营养液中镁水平的提高而递增，但营养液中镁浓度高于一定浓度时，烟草全株体内钙含量和铜含量随着营养液中镁水平的提高而递减。在对其他元素的影响上，随着镁浓度的不同，相互间关系也有不同变化（刘世亮等，2010）。曾睿等（2011）研究认为，施镁肥能提高烟叶中镁含量，且各叶位镁含量表现为：下部叶 > 中部叶 > 上部叶。施镁促进了烟叶对氮、磷、钾的吸收，缺镁或镁水平过高（≥ 225 kg/hm²）都不利于烤烟对氯养分的吸收；随着施镁水平的增加，烟叶含钙量逐渐降低。一般认为，烟叶的 K/Mg 比值在 4 ~ 5 比较合适，在 5 ~ 10 范围内缺镁不显著，在 15 ~ 20 出现缺镁症状。烟叶中钙 / 镁比值大于 8 时，即使镁含量正常，亦会出现缺镁症状；土壤代换性钙 / 镁比值大于 20 时，就易产生缺镁症状。

在烤烟生长各个时期，伸根期和旺长期是烤烟缺镁的关键时期，应注重大田这两个时期的镁肥施用（何春梅等，2012）。

2. 土壤供镁

植物对镁的吸收主要来自于土壤。土壤中镁的含量受母质、气候、风化程度和淋溶等因素的影响。我国北方地区土壤全镁含量一般为 0.5% ~ 3.0%，平均在 1% 左右；南方地区一般为 0.1% ~ 3.0%，交换性镁在 48.6 ~ 445.6 mg/kg，两种形态均以紫色土含量最高。

土壤镁的有效性受成土母质、土壤类型、土壤 pH 值和有机质含量等因素的综合影响。土壤中交换性镁的含量高低，是评价土壤镁素供应水平的一个重要指标。我国植烟土壤镁的丰缺指标为交换性镁含量 < 0.8 cmol/kg 为缺乏（低），0.8~1.6 cmol /kg 为适中，1.6~3.2 cmol /kg 为丰富（高），> 3.2 cmol /kg 为很丰（高）。各类土壤交换性镁平均含量高低依次为：黄棕壤 1.51 cmol/kg > 黄壤 1.20 cmol/kg > 紫色土 0.83 cmol/kg > 水稻土 0.41 cmol/kg > 石灰土 0.30 cmol/kg。一般认为土壤交换性镁小于 1 cmol/kg 时，作物可能出现缺镁症状。当交换性镁的含量 < 50 mg/kg 时，烟株出现缺镁的可能性较大。一般在砂质土壤、酸性土壤，K^+、Ca^+、NH_4^+ 含量较高的土壤上以及多雨季节容易出现缺镁现象。

3. 营养液中镁浓度对烤烟生长及失调症状的影响

镁浓度从 20 mg /L 提高到 120 mg/L，烟草生长量呈抛物线形变化，在供镁浓度为 40 mg/L 时烟株生长及干物质积累量最大（刘世亮等，2010）。邵岩通过对烤烟水培镁的临界值研究认为，当镁水平高于 800 mg/L 时（此时烟叶含镁 1.07%），烟株表现出镁毒害症状；而当镁水平低于 36 mg/L 时（此时烟叶含镁 0.38%），烟株在团棵后期出现缺镁症状（邵岩等，1995）。

关广晟等（2008）研究表明，营养液中镁浓度在 2 ~ 4 mmol/L 时，最适宜烟株的生长，浓度过高或过低都会抑制烟株的生长。营养液中镁浓度在 2 mmol/L 时叶绿素含量最高，缺镁和高镁均会显著降低烟草叶片中叶绿素含量。营养液中镁浓度在 8 mmol/L 时，烟草叶片对强光有最大的适应性。

作者研究表明，当营养液中缺镁时，正常烟苗移栽后 1 周表现出缺镁症状，上部叶片失绿发黄，叶脉凹陷清晰；当营养液中镁浓度为 0.2 mmol/L 时，移栽后 50 天，烟株稍矮小，表现明显的缺镁症状：部分下部叶片出现黄绿色，叶脉保持绿色，叶片呈花纹状；当营养液中镁浓度为 0.4 ~ 8.0 mmol/L 时，烟株无明显症状；当营养液镁浓度为 20 mmol/L 时，移栽后 13 天，部分下部叶开始黄化，生长点出现褐色，移栽后 30 天，烟株矮小，中上部均匀黄化。表明当营养液中镁 ≤ 0.2 mmol/L 时，出现缺镁症状；当 0.4 mmol/L ≤ 镁 ≤ 8.0 mmol/L 时，烟株无明显症状，能正常生长；当镁 ≥ 20 mmol/L 时，出现毒害症状。

4. 烟叶含镁

一般正常烟叶含镁量为其干重的 0.4% ~ 1.5%；小于 0.15% 则明显缺镁；当低于 0.2% 就会出现缺镁症状；0.2% ~ 0.4% 为轻度缺镁。

烟株各器官镁的含量，团棵期：叶片＞根系＞茎；旺长期以后：叶片＞茎＞根系。不同部位镁的含量也明显不同，一般而言，下部叶＞上部叶＞中部叶（李丽杰等，2007）；各生育时期都是叶肉＞叶脉；各个不同时期烟草镁的含量有一定差异，一般团棵期＞打顶期＞成熟期。在烟株的各个生长阶段均会发生缺镁的情况，但以快速生长期（移栽后 4 ~ 8 周）最为常见。

陈星峰（2005）通过盆栽试验提出烤烟缺镁临界值分别是：团棵期下部叶镁含量为 0.31%，旺长期下部叶镁含量为 0.25%。邵岩通过水培试验，提出烟草团棵期缺镁临界值是烟叶镁含量的 0.38%。

作者水培试验研究表明：当烟叶出现缺镁症状时，烟叶中镁含量 ≤ 0.2%；当出现毒害症状时，烟叶中镁含量 ≥ 1.1%。

5. 镁缺乏症状

镁是易移动、能够再利用的营养元素，烟叶缺镁，首先从下部叶片开始表现症状：叶片失绿，发黄，叶脉凹陷清晰，植株矮小。缺镁初期，首先下部叶在叶尖、叶缘及脉间部分失绿发黄，然后逐渐向其他部分蔓延，叶肉由淡绿转为黄绿或白色，失绿部分逐渐扩展到整叶，使叶片出现清晰的网状脉纹，叶片下垂，症状逐渐向中上部叶发展，上部叶窄小细长。严重缺镁时，下部叶除叶脉仍保持绿色外，叶片几乎变成黄色或白色，并逐渐向上部叶发展，叶片不易出现坏死斑，特别严重时，下部叶干枯死亡。

与正常烟叶比较，缺镁的烟叶表观差异较大，缺镁症状明显（图 5-1、图 5-2）。

苗期缺镁恢复培养后，上部叶先恢复绿色，且快速生长，能达到正常株高水平。

图5-1 正常烟苗 图5-2 缺镁烟苗

烟叶各生育期缺镁的主要症状及进程表现：

苗期缺镁，最初新叶褪绿（图5-3），随后下部叶片叶肉明显黄化，叶脉绿色，形成典型的以叶脉为网纹的网状花纹（图5-4）。随着生长，由下到上症状逐渐加重，中下部叶黄化严重，叶脉凹陷清晰，中上部叶逐渐黄化，叶脉仍保持绿色，叶片呈花纹状，烟株生长受阻，烟株矮小（图5-5），下部叶片逐渐白化（图5-6）。最后除新叶外，整株叶片都黄化，下部叶白化，逐渐干枯死亡（图5-7）。

旺长期缺镁，首先从中下部叶开始失绿发黄，出现云斑状黄化块，叶脉绿色凹陷清晰，随后症状往上部叶发展，叶肉黄化，叶脉保持绿色（图5-8）。随着缺镁时间延长，症状加重，下部叶失绿，黄化斑很快连成片，叶脉保持绿色，叶片呈现清晰的网状花纹，中上部叶片出现黄化斑块（图5-9），并且逐渐加重（图5-10）。

到成熟期，烟叶缺镁症状越来越严重，全株叶片黄化，下部叶开始白化，叶脉也失绿，但迟迟未出现坏死斑，烟株能继续生长发育，进入花期（图5-11）。最后整株烟叶叶片都出现严重的症状，中下部叶片白化并出现坏死斑，逐渐枯死，顶部叶症状也很严重（图5-12）。从群体来看，严重缺镁的烟叶中下部黄化花叶明显，部分叶片白化，整体看黄白花叶成片（图5-13）。

正常烟叶与缺镁烟叶比较具有明显的差异，首先是缺镁烟叶叶片褪绿黄化，形成黄化的花叶；其次是烟叶生长受到明显影响。苗期主要表现为叶片失绿黄化，成熟期时烟叶下部叶片褪绿黄化，花叶明显，生长变慢，株高降低（图

5-14）。

烟叶缺镁的叶片症状表现及进程：烟叶缺镁症状主要表现在叶片上，是诊断缺镁的主要参考。中度缺镁的烟叶主要出现明显花叶（图5-15），严重缺镁将导致烟叶白化（图5-16）。从烟叶症状表现看，缺镁最初表现的明显症状是烟叶叶尖端叶肉失绿黄化，呈叶脉间小斑块状黄化斑（5-17），逐渐发展成整片叶叶肉斑块状失绿黄化，叶脉基本保持绿色，网状花叶明显（图5-18），随后整叶除叶脉外均黄化（图5-19），部分缺镁烟叶呈现漂亮的亮黄色花叶（图5-20），缺镁继续严重，烟叶开始白化（图5-21），最后叶片白化，坏死干枯（图5-22）。

大田严重缺镁，全田烟叶从下部叶到上部叶都形成亮黄色的花叶（图5-23）。

缺镁后施镁恢复效果较好，但长势比正常差（图5-24）。

6. 镁过量症状

烟株镁过量时，首先是下部叶叶尖开始发黄，发黄部位逐渐向叶脉靠拢，先变黄的部位逐渐变为白色，从叶尖开始发黑焦枯，类似缺钾症状，在叶片上形成较为明显的四个颜色层，从叶尖开始分别是黑、白、黄、绿。下部叶开始发黄的同时在烟株顶端生长点、茎基部和根系均表现出明显的症状：烟株顶端生长点和嫩叶叶缘翻卷，幼叶尖端变黑坏死，植株生长受阻，株型矮小，类似缺钙症状；茎基部和叶柄基部出现大块坏死黑斑；根尖死亡，迅速发出很多短小的侧根。烟株能够成活，并开花，完成生命周期图（图5-25～图5-28）。

7. 施肥及矫正技术

土壤含镁量不足（交换性镁含量＜50 mg/kg）的烟田，用15～22.5 kg/hm² 硫酸镁随基肥施入予以矫正，并控制铵态氮肥施用量。酸性土壤中烟草缺镁时选用钙镁磷肥作磷源补充镁，与有机肥一起施用，钾肥可选用硫酸钾镁肥为肥源。早期发现缺镁，可喷施0.1%硝酸镁或0.2%硫酸镁溶液，每隔7～10天喷一次，连续喷3～5次。

生产上一般不会出现烟草镁中毒现象，如出现可采用增施磷肥或生石灰减轻症状。

图5-3　苗期缺镁初期，新叶褪绿

图5-4 随后下部叶片黄化，形成以叶脉为网纹的网状花纹

图5-5 症状逐渐加重，烟株生长受阻

图5-6　下部叶白化，上部叶黄化

图5-7　最后症状严重，下部叶白化，逐渐干枯死亡

图5-8　旺长期缺镁初期，首先下部叶失绿形成黄化斑

图5-9 中上部叶片出现黄化斑块

图5-10　症状逐渐加重，中上部叶片黄化

图5-11 下部叶开始白化，叶脉也失绿

图5-12 最后整株叶片都出现严重的症状，中下部叶枯死

图5-13　严重缺镁烟叶群体状况，黄白花叶成片

正常 缺镁

图5-14 成熟期正常与缺镁（中度）植株比较

图5-15 中度缺镁烟叶叶片症状，花叶明显（上轻下重）

图5-16　严重缺镁时烟叶叶片症状，最终白化（上轻下重）

图5-17　烟叶缺镁初期，叶尖端叶肉失绿黄化

图5-18　症状逐渐发展到全叶，形成明显的网状花叶

图5–19　随后整叶除叶脉外均黄化

图5-20　部分烟叶呈现漂亮的亮黄色花叶

图5-21　烟叶向白化发展

图5-22　最后叶片白化，坏死干枯

图5-23 田间严重缺镁，全田烟叶金黄色网状花叶成片

正常　　缺镁　　缺镁后恢复

图5-24　正常、缺镁、缺镁后施肥恢复烟株对比

图5-25　旺长期正常烟株

5-26　旺长期镁中毒烟株

图5-27　成熟期正常烟株

图5-28　成熟期镁中毒植株

六、硫

硫是植物生长发育不可缺少的营养元素之一，是生命物质的结构组分，在植物生长发育及代谢过程中具有重要的生理生化功能，其是需要量仅次于氮、磷、钾的第四大营养元素。

硫是植物蛋白质、氨基酸的重要组成成分，是酶化反应活性中的必需元素，也是植物结构的组分元素。硫主要以 SO_4^{2-} 形式被植物吸收，吸收后，大部分被还原成硫，进而同化为含硫氨基酸，少部分保持不变。植物吸收的硫首先满足合成有机硫的需要，多余时才以 SO_4^{2-} 形态储藏于液泡中，这部分硫既可以通过代谢合成为有机硫，又可以转移到其他部位被再次利用。当供硫适度时，植物体内含硫氨基酸中的硫约占植物全硫量的90%；当供硫不足时，植物体内大部分为有机态硫，随着供硫量增加，体内有机硫也随之增加；而只有供硫十分丰富时，体内才有大量 SO_4^{2-} 存在。植物吸收的硫主要构成含硫氨基酸、谷胱甘肽、硫胺素、生物素、铁氧还蛋白、辅酶 A 等，SO_4^{2-} 很少。硫在植物的生长调节、解毒、防卫和抗逆等过程中也起一定的作用，细胞内许多重要代谢过程都与硫有关。

硫在植物体内的含量通常为 0.1% ~ 0.5%，其变幅受植物种类、品种、器官和生育期的影响很大。硫在植物开花前集中分布于叶片中，成熟时叶片中的硫逐渐减少并向其他器官转移。

1. 硫对烟草的影响

硫是烟草必需营养元素之一。一般烟叶硫含量为 0.2% ~ 0.7%。硫在烟草体内的存在形态主要有两种，一种是无机态硫 SO_4^{2-}，另一种是有机态硫。有机态硫主要是含硫氨基酸和蛋白质。在烟株体内硫是蛋白质和酶的组成成分，能调节烟草体内诸多生理生化反应。在烟草叶绿素形成、光合作用、氮代谢等重要生理代谢中，硫都具有十分重要的意义。

缺硫和硫过量对烟叶产量、品质都有显著影响。烟草缺硫，会导致生育期推迟，甚至不能现蕾，株高、茎粗、叶片长和宽、干重、根系生物量均明显低于正常植株，并且烟叶调制后颜色比正常烟叶浅。缺硫和硫过量均会抑制植株对磷的吸收，而随着供硫增加，植株体内氯含量一直下降（刘勤等，2000）。吸收过多的硫时，大量 SO_4^{2-} 运输到叶片中，还原形成含硫化合物，使烟叶外观质量变差，烟叶燃烧性下降，甚至造成熄火现象，并在燃烧过程中出现恶臭味。

2. 土壤供硫

土壤中硫的来源有母质、大气沉降、灌溉水、施肥等。每年由雨水降入土壤的硫为 3 ~ 4.5 kg/hm²，我国南方地区土壤随降雨带入的硫为 6.9 kg/ hm²。灌溉水中也含有硫。土壤含硫多少与土壤所处的地理环境、母质关系密切。土壤中全硫的含量大多在 0.01% ~ 0.5% 范围内，平均为 0.085%。一般缺硫土壤的有效硫临界值为 10 ~ 15 mg/kg。我国农业土壤表层中，大部分硫以有机态存在，占土壤全硫的 90% 以上。南方多数湿润和半湿润地区的非石灰性表层土壤，有机硫占 85% ~ 94%，无机硫占 6% ~ 15%；北方和西部地区石灰性土壤无机硫占全硫的 39.4% ~ 61.8%。

土壤中能为烟株吸收利用的硫，主要是易溶性硫酸盐和吸附性硫酸盐。从我国土壤供硫的趋势分析，北方烟区的石灰性土壤含硫较丰富，南方烟区的酸性土壤因受强烈淋溶作用的影响，有效硫含量较低，易发生缺硫。在砂质土且降水量大的烟区，也容易缺硫。土壤施硫量过高，易引起土壤 pH 值降低，导致土壤理化性质恶化，给烟草生长带来不良影响。过多的硫素还会抵消增施钾肥的作用，并抑制烟草对镁的吸收。

3. 营养液中硫浓度对烤烟生长及失调症状的影响

朱英华等（2008）研究表明，硫能够促进叶绿素的合成。在培养液硫浓度

0 ~ 32 mmol/L 范围内，随着硫浓度的升高，烟草叶片的叶绿素 a、叶绿素 b、总叶绿素含量和叶绿素 a/b 逐渐增加，类胡萝卜素呈先下降后升高的趋势。最适宜烟草生长的培养液硫浓度为 2 ~ 8 mmol/L。

作者水培试验研究表明，当营养液中缺硫时，正常烟苗移栽后 10 天表现出症状，首先烟株上部叶片开始褪绿黄化，逐渐向下发展，很快整株均匀黄化。当营养液中硫浓度为 0.02 mmol/L 时，烟苗移栽后一个月左右表现出缺硫症状。当营养液中硫浓度为 0.2 ~ 10 mmol/L 时，烟株无明显症状。当营养液中硫浓度为 20 mmol/L 时，烟苗移栽后 45 天左右表现出中毒症状，烟株下部叶开始变黄，顶叶直立生长，叶窄小，烟株矮小，生长缓慢。

作者水培结果表明，当营养液中硫 ≤ 0.02 mmol/L 时，出现缺硫症状；0.2 mmol/L ≤硫 ≤ 10 mmol/L 时，烟株正常生长，无明显症状；当硫 ≥ 20 mmol/L时，出现毒害症状。

4. 烟叶含硫

硫是烟草必需的一种营养元素，硫在烟株体内的含量一般为叶＞茎＞根。对于不同部位的烟叶，则是上部叶＞中部叶＞下部叶。一般情况下烟叶叶片中的硫含量在 0.2% ~ 0.7%，如果含量低于 0.15%，则会出现缺硫症状，如果硫的含量超过 0.93%，将对烟叶质量产生不良影响。缺硫或硫过量都将显著影响烟草的产量和品质。如果缺硫，调制后烟叶颜色比正常的烟叶浅；烟叶含硫量大于 1.0%，就会使烟叶的燃烧性变差，外观质量也欠佳。

作者水培试验研究表明，烟株表现缺硫症状时，苗期烟叶硫含量为 0.24%；旺长初期烟叶硫含量为 0.41%；旺长后期烟叶硫含量为 0.18%；成熟期下部叶硫含量为 0.16%，中部叶硫含量为 0.21%，上部叶硫含量为 0.35%。

烟株表现硫过量症状时，成熟期下部叶硫含量为 2.04%，中部叶硫含量为 1.91%，上部叶硫含量为 2.21%。

5. 硫缺乏症状

烟苗移栽 10 天左右，缺硫处表现出缺素症状。由于硫在烟株体内移动性不大，所以症状最先表现在上部叶片。首先是植株上部叶片均匀失绿黄化，逐渐向下发展，然后全株均匀黄化，叶脉也失绿呈黄白色，顶叶向下卷曲。严重缺硫时，植株生长缓慢或停止生长，植株矮小，叶片窄小，全株叶片颜色褪绿黄化，并有黄色斑驳，下部叶早衰，叶面上有突起的泡点，老叶不易枯焦，也不易出现坏死斑块。叶片变硬、易碎。长期缺硫，植株缺硫症状越来越严重，下部叶出现干枯死亡。

与正常烟叶比较，缺硫的烟叶表观差异较大，缺硫症状明显（图6-1）。

图6-1　缺硫烟叶与正常烟叶比较

烟叶各生育期缺硫的主要症状及进程表现：

苗期缺硫，新叶迅速黄化，叶脉也黄化，并快速向下部叶发展，初期植株长势影响不明显（图6-2），黄化迅速向下部叶蔓延（图6-3）。随着植株生长，全株黄化（图6-4），症状越来越严重（图6-5）。与正常烟叶比较，严重缺硫烟叶生长受到明显影响（图6-1）。

旺长期缺硫，黄化从上部叶开始出现，迅速向中下部叶发展，但很快中下部叶症状比上部叶更严重（图6-6）。

成熟期缺硫，首先也是上部叶开始黄化，但中下部叶黄化发展更快，下部叶表现也更严重（图6-7）。

缺硫时间越长，缺硫症状越严重。缺硫烟叶生长到成熟后期，整个烟叶植株细高，叶片稀疏，节间长，叶片少且小，全株叶片严重黄化，下部叶片白化，并逐渐干枯死亡（图6-8）。

烟叶缺硫的叶片症状表现：烟叶缺硫，主要是叶片黄化，黄化程度可反映烟叶的缺硫程度（图6-9），缺硫严重的全株叶片黄化，下部叶比上部叶更严重（图6-10）。

缺硫初期，烟叶上部叶片开始失绿，叶脉也同样失绿，呈现均衡失绿现象（图6-11），迅速黄化（图6-12），随着生长，黄化逐渐加重（图6-13），最后白化，干枯（图6-14）。

缺硫烟叶补充硫后能很快恢复，但缺硫对烟叶生长影响较大，虽然补施硫后烟株能恢复，但生长已经受到影响（图6-15）。

6. 硫过量症状

烟叶硫过量时，对其生长影响很大（图6-16）。硫过量，首先烟叶植株下部叶片褪绿黄化，顶叶直立生长，烟株生长缓慢；随着烟株的生长，下部叶开始黄化变白，茎秆细长，上部叶窄小，中上部叶细长（图6-17）。烟叶成熟期硫过量，烟株长势较差，植株矮小，下部叶褪绿黄化，上部叶片细小（图6-18）。随着烟叶进一步生长，下部叶黄化、斑块化，老叶开始干枯，上部茎秆快速伸长，上部叶如柳叶般细长，烟株明显纤弱细高（图6-19）。开花后花朵显得特别大，与细小的烟茎、烟株和叶片形成极大反差，下部叶黄化、枯死严重（图6-20）。

7. 施肥及矫正技术

由于烤烟专用肥中一般含有硫酸钾，加之大气沉降，大面积烟叶一般不会发生缺硫现象。如发现缺硫，要及时补充。在碱性土上，可结合有机肥施用硫黄粉，一般每公顷施硫黄粉225 kg左右，后期发生可喷施硫酸盐溶液，如0.5%硫酸钾溶液等。

烟草植株大田硫中毒一般不会出现。

图6-2　苗期缺硫初期，上部叶首先失绿黄化

图6-3　黄化迅速向下部叶蔓延

图6-4　随着生长，很快全株黄化

图6-5　黄化越来越严重，下部叶发展更快

图6-6　旺长期缺硫，黄化从上发展到下，中下部叶发展更快

图6-7　成熟期缺硫，首先上部叶黄化，迅速向下发展

图6-8　缺硫后期症状，下部叶白化焦枯

图6-9　正常叶（上）与不同程度缺硫叶片比较（下重）

上部叶

下部叶

图6-10　旺长期缺硫烟株整株叶片情况

图6-11　缺硫初期，叶片均衡失绿

图6-12　叶片迅速黄化

图6-13　黄化加重

图6-14　最后白化，干枯

图6-15 正常、缺硫、缺硫后补硫恢复后烟株情况

正常　　　　缺硫　　　　缺硫后恢复

图6-16　中毒与正常植株比较

正常

硫中毒

图6-17　旺长期硫中毒植株，下部叶黄化变白

图6-18　成熟期硫中毒烟株，下部叶黄化，植株矮小

图6-19　随着生长，下部叶黄化，烟株纤弱细高

图6-20　硫中毒烟叶开花后花朵较大，下部叶黄化、枯死

七、硼

硼是植物非结构组分元素，但它却是植物必需的微量营养元素，在植物的细胞结构、功能和代谢活动中具有极其重要的作用。硼以 H_3BO_3（硼酸）形式被植物吸收，它对提高植物光合效率和同化物的运输能力、促进细胞伸长和细胞分裂、花粉形成、花粉管萌发和受精过程的正常进行都有特殊作用。硼能促进植物蛋白质的合成、提高硝酸还原酶活性并促进菌根生长，有利于增强豆科植物的固氮能力；硼对植物吲哚乙酸合成代谢也有重要作用。

不同植物、不同器官含硼差异很大，其范围大概为 2 ～ 100 mg/kg。一般双子叶植物需硼量高于单子叶植物，双子叶植物因具有较大数量的形成层和分生组织，需硼量多，容易缺硼，单子叶的谷类作物需硼较少，一般不易缺硼。硼在植物器官中一般分配规律是繁殖器官＞营养器官，叶片＞枝条，枝条＞根系。硼在植物内的移动性与植物种类有关，以山梨醇、甘露醇等为同化产物运输形式的植物，硼容易与山梨醇、甘露醇等物质形成稳定的复合物，并随这些光合产物运输，硼的移动性大；另一类是不含这些物质的植物，硼移动性小，缺硼症状主要表现在植物幼嫩部位。

硼的生理功能与其能和富含羟基的糖和糖醇络合形成硼酯化合物有关，这些化合物作为酶反应的作用物或生成物参与各种代谢活动。

1. 硼对烟草的影响

硼在烟草的生理生化过程中起着重要的作用。硼对烟株生长素、激素、细胞分裂素等的合成和糖类物质的运输有重要影响，进而影响烟草植株的生长发育；硼能促进烟草根系的生长，提高抗病、抗寒、抗旱能力；硼参与尿嘧啶和叶绿素的合成，影响烟草组织分化和尼古丁的合成；硼参与蛋白质代谢、生物碱合成、物质运输以及与钙、钾等主要元素有关的相互转化作用，并由此对烟叶的产量和品质产生影响。烟草需硼量较少，一般吸收 5 mg/ 株即可。硼素营养不足或过剩都会引起烟草生理生化机能失调，生长发育不良，抗病性降低。硼过量，烟株的农艺性状、净光合速率、SPAD（叶绿素含量）、POD 活性、干物质量及经济效益均显著降低，烟株发病率和烟叶 MDA（丙二醛）含量显著增加（谭小兵等，2017）。硼过量还会导致烟草吃味降低，刺激性增加。

硼可以提高烟叶中叶绿素含量，增强光合作用强度，从而使叶面积指数增大，主根伸长更加充分，侧根更加发达，从而增加产量。其具体的表现为：前期发育早，长势旺，团棵期提前，叶色较浓绿，植株生长整齐；后期烟叶落黄均匀。李振华（2008）盆栽试验表明，施用适量的硼在烟株生长前、中期能有效增加叶绿素含量，促进烟株干物质积累；而在后期能促进烟株叶绿素降解，提高烟叶品质。施硼过量在烟株生长的前、中期反而降低了烟叶的叶绿素含量。

硼肥的施用对烟草的生长发育和产量、质量都有着重要影响。适量施用硼肥能促进烟草根系发育和前期生长，改善烟株的长势长相，增加烟株有效叶数并促进干物质的积累，提高烟株平均单叶重，提高烟叶产量和烟叶质量。刘友才（2009）研究表明，喷施硼肥对烤烟的农艺性状、产量和质量都有显著影响，缺硼严重会影响烤烟生长及烟叶产质量，基施或叶面喷施硼肥后，能明显改善烟株的长势长相，增加烟株有效叶数，提高烟株平均单叶重，增加烟叶产量。采用上部叶喷硼和下部叶喷硼，对于调控中部叶糖含量、钾含量以及烟碱含量有积极的作用。

硼是烟草重要的微量元素，能够通过一系列代谢作用影响烟碱的合成，同时通过与钾、钙、镁等影响烟叶品质的关键元素的相互作用，最终影响烟叶的产量和品质。硼的浓度会影响烟叶中烟碱的含量，硼浓度低时，烟碱含量随施硼量的增加而增加；但当硼浓度大于 200 mg/L 时，烟株表现出中毒症状，烟叶中烟碱含量随着硼浓度的增加呈下降趋势（晋艳等，1996）。施硼能促进烟叶钾含量及钾积累量提高，尤其是上部叶喷施硼肥可以使上部叶的钾含量明显提高，有利于提高上部叶的工业可用性。硼与铁、镁有相互促进作用，提高硼含量有助于增加烟草对铁、镁的吸收。硼与钙有拮抗作用，因此，硼中毒症状中的叶片反向卷曲也可能是钙硼拮抗导致的缺钙症状。

硼是烟株维管束发育所必需的微量元素，硼供应不足会使烟株韧皮部中淀粉和糖分运输受阻，使糖分和蛋白质失去流动性，导致烟株中淀粉和糖分含量上升。但是硼素供应过量又会造成植株的扭曲变形，严重影响烟叶产质量。施硼肥能够适当降低烟叶烟碱、蛋白质、氯离子含量；提高烟叶钾/氯比值、施木克值；改善烟叶的燃烧性和阴燃性。同时，硼还可以提高烟株的抗病、抗寒和抗旱能力。

2. 土壤供硼

我国土壤的含硼量在 0 ～ 500 mg/kg 范围内，平均含量为 64 mg/kg，呈由北向南、由西向东逐渐降低的趋势。土壤的供硼能力与土壤成土母质、全硼和水溶性硼含量密切相关。南方湿润多雨烟区，土壤中的硼淋失量大，缺硼现象十分普遍。红壤的有效硼含量最低，黄壤较低，石灰性紫色土虽较高，但仍低于 0.5 mg/kg 的中等需硼作物需硼标准。我国植烟土壤硼的丰缺指标为有效硼含量 < 0.3 mg/kg 为极缺乏（低），0.3~0.5 mg/kg 为缺（低），0.5~1.0 mg/kg 为适中，1.0~3.0 mg/kg 为丰富（高），> 3.0 mg/kg 为很丰（高）。

对于烤烟而言，不少研究认为土壤缺硼的临界值在 0.45 ～ 0.5 mg/kg。土壤含硼量低于 0.25 mg/kg 时为严重缺硼（牛育华等，2009）。当土壤中有效硼含量达到 3.32 mg/kg 时，烟株表现出中毒症状；当土壤有效硼含量达到 7.56 mg/kg 时，可造成严重毒害，使烟株生长停滞甚至组织坏死。四川主要植烟土壤的有效硼含量在 0.25 mg/kg 以下，属于供硼不足的土壤。

3. 营养液中硼浓度对烤烟生长及失调症状的影响

晋艳在水培试验中发现，当硼酸根浓度低于 0.5 mg/L 时，烟株表现缺硼；在硼酸根浓度高于 200 mg/L 时，烟株出现中毒现象（晋艳等，1996）。

作者试验研究表明：在整个水培实验过程中，当硼 ≤ 0.002 mmol/L 时，出现缺硼症状；当硼 ≥ 0.1 mmol/L 时，出现毒害症状。营养液中硼浓度在

0.004 ~ 0.05 mmol/L 时没有出现烟株缺硼或硼中毒的症状。说明水培条件下营养液中硼浓度在 0.004 ~ 0.05 mmol/L 对烟草较为安全。

在无硼水培条件下，4 月份移栽烟苗，在移栽后 15 天左右表现出缺硼症状；8 月份移栽的，7 天左右表现出缺硼症状。当营养液中硼浓度为 0.001 mmol/L 时，烟株在移栽后一个月（旺长期）出现缺硼症状。当营养液中硼浓度为 0.002 mmol/L 时，烟株在现蕾期出现缺硼症状。营养液中硼浓度在 0.004 ~ 0.05 mmol/L 时没有出现烟株缺硼或硼中毒的症状。当营养液中硼浓度 ≥ 0.1 mmol/L 时，旺长期出现硼过量症状。

4. 烟叶含硼

硼是烟草生长发育必需的微量元素之一，烟草叶片含硼量平均为干物重的 25 mg/kg 左右，属于中等需硼作物。在烤烟不同器官中，硼主要积累在叶片，占硼总量的 50% 以上，在茎和根中相对较少。由于硼在烟草中的移动性较差，在烟叶的不同部位，硼含量呈现出下部叶＞上部叶＞中部叶的趋势。

1964 年刘铮的调查表明，我国烟草中平均硼含量为 25 mg/kg。根据巩永凯在 2008 年的报道，我国烤烟中部叶硼含量平均为 29.84 mg/kg；我国不同品种烤烟烟叶硼含量差异极显著，在调查的品种中，以 K326 的硼含量最高，为 34.61 mg/kg；云烟 87 的硼含量最低，为 26.13 mg/kg。陈江华等（2004）从烟叶整体的角度研究了我国烟叶矿质养分元素及主要化学成分含量，并通过对比，指出在我国优质烟叶硼含量范围是 14.00 ~ 31.06 mg/kg。

叶片全硼量能很好地反应烟株硼营养状况，成熟烟叶叶片硼含量 < 15 mg/kg 时就会感到硼素不足；20 ~ 100 mg/kg 属于硼丰富而不过量；烟叶硼含量 > 200 mg/kg 时，往往会出现硼毒害。烤烟烟叶缺硼的临界值为：上部叶 12.3 mg/kg、中部叶 7.8 mg/kg、下部叶 16.6 mg/kg。

作者水培研究看出，当烟株表现缺硼症状时，苗期烟叶硼含量为 6.2 mg/kg，团棵期烟叶硼含量为 14.6 mg/kg；旺长期烟叶硼含量为 9.1 mg/kg；成熟期烟叶硼含量为 9.4 mg/kg。

当烟株表现硼过量症状时，团棵期烟叶硼含量为 237 ~ 549 mg/kg，旺长期烟叶硼含量为 225 mg/kg，成熟期烟叶硼含量为 268 mg/kg。

5.硼缺乏症状

硼在烟草中属于难移动的元素，缺硼首先表现在烟叶生长点上。硼缺乏程度不同，对烟叶生长的影响有较大差异。在严重缺硼情况下，生长点很快坏死；在硼不足的情况下，新叶出现不同程度的褐色斑，烟叶还可继续生长。严重缺硼的生长点很快坏死，烟株新发出很多侧芽、腋芽，均会出现褐色坏死，已成叶片横向生长，叶片粗糙、卷曲、增厚变脆、褶皱歪扭、后期褪绿萎蔫，上部叶逐渐白化枯死，并向下部发展，叶片脆而易折。

与正常烟叶比较，缺硼的烟叶表观差异较大，缺硼症状明显（图7-1）。

缺硼　　　　　　　　正常

图7-1　缺硼烟叶与正常烟叶比较

烟叶各生育期缺硼的主要症状及进程表现：

苗期缺硼，生长点最先出现褐色斑点（块），顶部几叶明显褶皱（图7-2、图7-3），很快褐色蔓延至整个新叶基部和生长点，生长点基本不再生长（图7-4），生长点和新叶坏死（图7-5）。因生长点坏死，烟株不再向上生长，但原有节间可继续一定程度伸长，已有叶片继续横向生长（图7-6），叶片皱缩，烟株矮而宽，烟株长成叶片肥厚粗大、粗糙、形状不规则、茎秆扭曲的一大窝。后期烟叶停止生长，上部叶逐渐白化，并向下部发展，叶片脆而易折（图7-7），随后顶部叶逐渐干枯死亡（图7-8）。

旺长期缺硼初期，烟叶顶端新叶出现褐色斑点，上部叶皱缩明显（图7-9）。很快生长点及新叶基部褐色加重，基本死亡，向上生长受阻（图7-10）。随后烟叶顶端生长点及新叶基本褐色坏死，叶片皱褶明显（图7-11），很快生长点全部坏死，不再向上生长，但茎秆可继续伸长（图7-12）。烟株缺硼程度轻一些的，症状也很明显，叶片皱褶，但在新叶出现褐色后，不会迅速死亡，新叶带着褐色斑块可继续生长（图7-13）。由于硼无法满足生长需求，随着时间延长，新叶也逐渐褐色死亡（图7-14）。

到花期，前期缺硼轻的烟叶能继续生长到成熟期，也能现蕾开花，但花蕾明显不正常，有的花蕾黄化，有的变成了褐色，已长出的花苞会坏死、凋落，下部叶失绿黄化，并逐渐枯死，基部开始发生侧芽、腋芽（图7-15），最后花蕾完全干枯。烟叶中上部叶片叶肉黄化，花叶明显，下部生出很多侧芽、腋芽（图7-16），形成丛枝病，侧芽芽尖也会出现褐色死亡（图7-17）。

缺硼烟株茎秆韧皮部变成褐色，与正常烟株区别明显（图7-18）。

生产上严重缺硼，将会导致烟叶绝收（图7-19）。

缺硼会造成烟叶生长点坏死，严重影响烟叶正常生长。发现烟株缺硼后及时补充硼肥，有一定的恢复效果，但与正常烟株相比有较大差异（图7-20）。

6. 硼过量症状

烟叶硼过量将严重影响烟叶生长（图7-21）。硼过量首先表现为下部烟叶叶肉失绿、坏死，随后从叶缘开始黄化焦枯，成为"金边"，叶缘向下卷曲，叶片坏死部位逐渐扩大，连成片，严重时整片叶片均枯死，但叶脉仍保持绿色。坏死叶片逐渐从下部叶向上部叶发展，直至整株叶片全部枯黄。叶片出现焦枯的同时，烟株茎基部出现大块坏死黑斑，根尖变黑坏死，停止生长。

烟叶苗期硼中毒，中下部叶片首先出现点（块）状失绿，叶边缘失绿斑块从叶尖开始沿叶缘连成带状（图7-22）。随着硼中毒时间延长，症状不断加重，下部叶片棕色坏死斑连成片，布满全叶，叶脉保持绿色，病斑迅速向中上部叶片发展，上部叶较轻，褶皱明显（图7-23）。最后整株烟叶褪绿黄化，全株叶片皱褶明显，下部叶片干枯死亡（图7-24）。

烟叶旺长期硼中毒，首先是中下部叶片褪色变黄，叶片上出现黄色斑块，从叶尖开始出现坏死边（图7-25）。症状逐渐加重，全株叶片皱褶明显，中下部叶片出现焦枯棕色斑块，叶缘从叶尖开始出现棕色焦枯带，下部叶片病斑满布，并向中上部叶片发展（图7-26）。随着中毒加重，烟株褪绿，枯死斑大量发生，中下部叶片布满病斑，下部叶片黄枯（图7-27）。最后烟株中下部叶片枯死，上部叶片病斑严重，烟株基本全株枯黄（图7-28）。

成熟期中毒，症状从烟叶下部叶开始，下部叶黄化，出现棕色坏死斑，并向中上部发展，中上部叶出现明显中毒症状（图7-29）。最后，烟株中下部叶整片坏死干枯，逐渐向上部叶发展，最后整株叶片全部焦枯（图7-30）。

烟叶硼中毒叶片症状：烟叶硼中毒首先表现为烟叶叶尖和叶缘叶肉点（块）状失绿、坏死，随后从叶缘开始黄化焦枯，叶缘向下卷曲（图7-31）。叶片坏死部位逐渐扩大，连成片，叶缘成一个坏死焦枯带（图7-32），整个叶片逐渐都出现坏死斑块，部分开始连接成片，叶片向叶背面翻卷（图7-33）。从反面看，叶片翻卷呈船形状，边缘形成一条明显的焦枯带（图7-34）。最后严重到整片叶布满枯死斑，逐渐发展连片，但叶脉仍保持绿色（图7-35），最终叶片枯死。

7. 施肥及矫正技术

新垦砂质土壤容易缺硼，干旱缺水和在酸性土壤中施用过量石灰，会导致土壤硼的固定性加强，有效硼含量相对减少，容易出现缺硼现象。因此，长期干旱应注意灌水。缺硼的土壤上，基肥一般每公顷用硼砂 7.5 ~ 11.25 kg 与有机肥混合后施用，也可拌细沙或细土撒施、条施和穴施。四川主要植烟土壤的适宜硼肥施用量（基施）为：红壤 12.85 kg/hm²、黄壤 11.79 kg/hm²、石灰性紫色土 11.25 kg/hm²。烟草植株早期缺硼，每公顷用硼酸 4.5 kg 兑水窝施；旺长期后缺硼，每公顷用硼酸 7.5 kg 兑水 750 kg 叶面喷施。

烟草植株如出现硼中毒现象，一般会造成重大损失，通过施用生石灰、淋洗等措施只能起到部分缓解作用。

图7-2　苗期缺硼初期，生长点出现褐色斑块，叶褶皱

图7-3　缺硼烟株生长点特写

图7-4　生长点的褐色迅速扩大，基本死亡

图7-5 生长点坏死，叶片皱缩，烟株矮小

图7-6　生长点坏死，已有叶片横向生长

图7-7　上部叶逐渐枯黄白化

图7-8 最后顶部叶逐渐干枯死亡

图7-9　旺长期缺硼初期，新叶出现褐色斑点

图7-10　生长点褐色症状发展较快，基本停止生长

图7-11　生长点基本坏死，叶片皱褶明显

图7-12　生长点全部坏死

图7-13　烟株轻度缺硼，症状也很明显，但不会迅速死亡

图7-14 新叶会逐渐褐色死亡

图7-15　缺硼轻的能现蕾开花，但蕾、花明显不正常

图7-16　最后花蕾完全干枯，中上部烟叶黄化，下部生出很多侧芽

图7-17　形成丛枝病，侧芽芽尖也会出现褐色死亡

图7-18　正常烟株与缺硼烟株茎秆横截面比较

图7-19 大面积严重缺硼状况

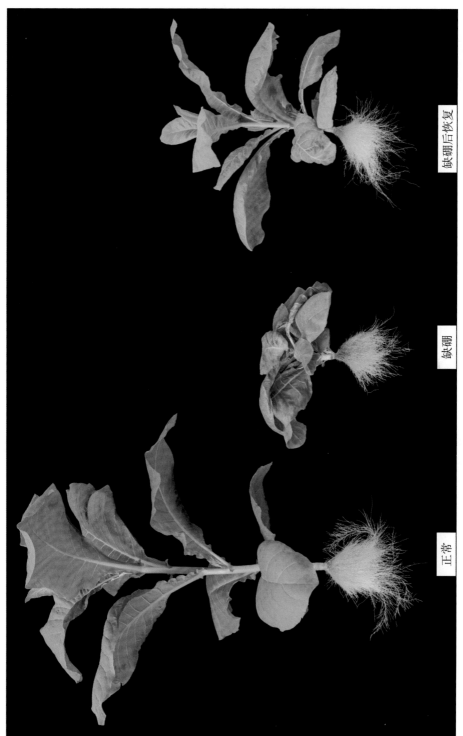

图7-20 正常、缺硼、缺硼后补硼恢复烟株比较

正常　　　　缺硼　　　　缺硼后恢复

硼中毒

正常

图7-21　正常烟株与硼中毒烟株比较

图7-22 烟叶苗期期硼中毒初期，首先是叶片出现失绿斑点（块）

图7-23　随着生长，硼中毒加深，中毒斑布满烟叶

图7-24　硼中毒后期，全株症状严重，下部叶片干枯死亡

图7-25　旺长期中毒初期，下部叶出现症状

图7-26 症状逐渐加重，向中上部叶发展

图7-27　中毒加重，烟株失绿，下部叶黄枯

图7-28　最后烟株基本全株枯黄

图7-29　成熟期中毒，下部叶黄化，出现棕色坏死斑

图7-30　成熟期严重中毒烟株，整株叶片焦枯

图7-31　烟叶硼过量初期，烟叶叶尖和叶缘点（块）状失绿、坏死

图7-32　症状逐渐严重，叶缘成一个坏死焦枯带

图7-33　逐渐整个叶片都出现坏死斑块

图7-34　硼中毒叶片反面状况：船形叶片，叶缘焦枯带明显

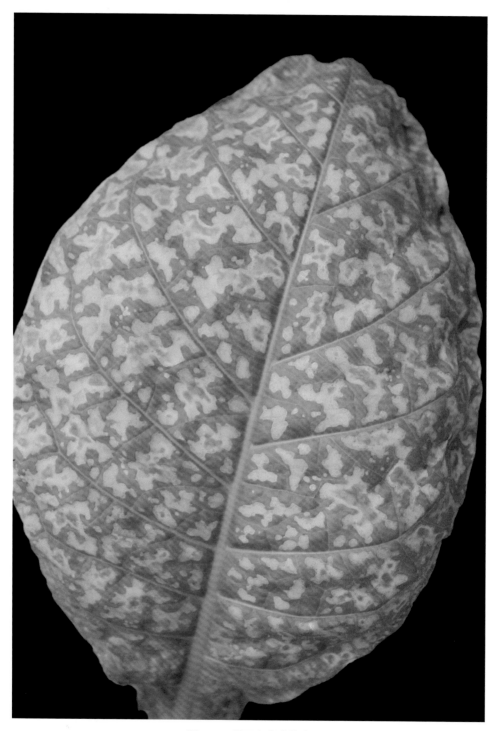

图7-35　枯死斑布满整叶

八、铁

铁是植物不可缺少的营养元素，植物的铁含量一般在 60 ~ 300 mg/kg，不同植物种类和植株部位的铁含量差异较大。

铁以 Fe^{2+} 被植物根系吸收后，在大部分根细胞中可氧化成 Fe^{3+}，并被柠檬酸螯合，通过木质部运输到地上部。由于铁一旦进入细胞和组织，就处于被固定状态而较难转移到其他部位，所以新生叶首先表现缺铁症状。铁虽然不是叶绿体的组成成分，但它主要分布在叶绿体内，是叶绿素合成的活化剂，直接或间接参与叶绿体蛋白的合成。铁存在于细胞色素及细胞色素氧化酶的活性部位，依靠其价数变化，起着电子传递的作用；在呼吸作用电子传递和光合电子传递链中铁起着重要作用。铁氧还原蛋白参与硫酸盐还原及氮素固定过程；铁硫蛋白参与氧化还原反应；铁也是过氧化氢酶及过氧化物酶的组成元素，对植物生长发育及产量、品质等方面有着重要影响。

1. 铁对烟草的影响

铁在烟草植株中的分布，按含量多少依次为叶 > 茎 > 根 > 果实，铁在叶部的含量占 59.7%（唐年鑫，1997）。

铁在烟株体内的利用和再利用率很低。由于铁与碳水化合物等物质的合成有关，缺铁会引起糖含量，特别是还原糖、有机酸及维生素 B_2 等含量的降低。当有效铁含量在 13.3 ~ 1 283.6 mg/kg 范围内，烟苗长势与有效铁含量存在一定的正相关关系；当有效铁含量超过 1 000 mg/kg 时，出苗率降低，烟苗素质和成苗率下降。当烟叶中铁含量过高时，调制后的烟叶易挂灰，烟气质量下降。

2. 土壤供铁

全国第二次土壤普查提出的土壤铁含量的丰缺指标为有效铁含量 < 2.5 mg/kg 为很缺，2.6 ~ 4.5 mg/kg 为缺，4.6 ~ 10 mg/kg 为适中，11 ~ 20 mg/kg 为丰，> 20.0 mg/kg 为很丰。

烟草对施入土壤的铁吸收利用较低，旺长期为 0.72%，成熟期为 0.96%。在不同土壤上利用率差异也较大，成熟期的吸收利用率在沙土、壤土和黏土分别为 0.86%、0.92% 和 2.50%。吸收利用率低的原因与铁易被固定有关（唐年鑫，1997）。铁的有效性受土壤 pH 值和氧化还原电位的影响。可溶性铁的数量随 pH 值升高而减少，在酸性条件下，Fe^{2+} 比较稳定，可以被烟株吸收利用；在碱性条件下，Fe^{2+} 很快被氧化为 Fe^{3+}，而不能被烟株吸收利用。因此，烟草缺铁多发生在碱性及石灰性土壤上，在酸性土壤上则很少出现缺铁。施用磷肥和含铜肥料过多，也容易诱发缺铁。

土壤有效铁的时间稳定性较强。影响土壤有效铁的因素包括土壤环境条件和人为活动等，其中环境条件主要是重碳酸盐和土壤 pH 值（何晓冰等，2018）。

3. 营养液中铁浓度对烤烟生长及失调症状的影响

作者水培试验研究表明，当营养液中缺铁时，烟苗移栽后 10 天表现出缺铁症状。首先是植株顶端和幼叶变黄，随后上部叶变黄，叶脉保持绿色。当营养液中铁浓度为 0.000 2 mmol/L 时，烟苗移栽后 15 天表现出缺铁症状。当营养液中铁浓度在 0.002 ~ 1 mmol/L 范围内时，烟株无明显症状。当营养液中铁浓度为 5.0 mmol/L 时，烟株移栽后 15 天表现出毒害症状，烟株矮小，萎蔫。综合来看，当营养液中铁 ≤ 0.000 2 mmol/L 时，出现缺铁症状；当 0.002 ≤ 铁 ≤ 1 mmol/L 时，烟株正常生长，无明显症状；当铁 ≥ 5.0 mmol/L 时，烟株表现出毒害症状。

4. 烟叶含铁

烟叶中铁含量丰缺指标评价：铁含量 < 55 mg/kg，低；铁含量 55 ~ 90 mg/kg，

较低；铁含量 90 ~ 120 mg/kg，适中；铁含量 120 ~ 200 mg/kg，较高；铁含量＞200 mg/kg，高。烤后烟叶中铁的含量一般为 70 ~ 140 mg/kg，低于 70 mg/kg可能出现缺铁症状。田吉林研究表明，铁在烟草各部位的含量依次为叶＞茎＞根＞果实，铁在叶部的含量占全株总含铁量的59.17%。作者水培试验研究表明，当烟株表现缺铁症状时，苗期烟叶铁含量为130 mg/kg。

5. 铁缺乏症状

铁在烟株体内不易移动，缺铁症状首先出现在顶端和幼叶上。缺铁初期，烟株顶部叶片失绿，嫩叶叶脉间顺次变为浅绿色、黄色、黄白色甚至白色，叶脉维持绿色，出现网状纹叶片，下部叶仍保持绿色，植株矮小。严重缺铁时，上部叶为黄白及全白色，叶片基部呈白色，顶芽黄白化，中上部叶除主脉呈绿色外，其余白化后转为褐色，并出现枯焦斑块，易脱落，叶片破碎。由于上部叶生长受到抑制而使烟株的株型似三角形。

与正常烟叶比较，缺铁的烟叶表观差异较大，缺铁症状明显（图8-1）。

图8-1 缺铁烟叶与正常烟叶比较

烟叶各生育期缺铁的主要症状及进程表现：

苗期缺铁，首先是上部叶出现黄化斑，叶脉仍保持绿色，形成花叶，下部叶仍保持绿色（图8-2）。上部叶逐渐黄化加重，植株生长受到影响（图8-3）。随着生长，症状加重，最先出现症状的烟叶白化并出现枯死斑，新叶白化也快速出现枯死斑，植株生长受到严重影响（图8-4）。

旺长期缺铁，症状首先从上部叶开始，叶肉褪色黄化，叶脉保持绿色，花叶明显（图8-5）。缺铁症状向中下部叶片发展，上中部症状加重，黄化加深（图8-6）。随着生长，缺铁症状越来越严重，上部叶片黄化严重，但叶脉保持绿色，烟叶全株叶片褪色（图8-7），烟叶上部叶全部为明亮的黄色树枝状花叶（图8-8）。后期全株黄化，中上部叶细长，逐渐白化，并出现坏死斑，烟株细高（图8-9）。

缺铁烟株到成熟期，上部叶完全白化，叶片上出现枯死斑，开花后烟花易枯死（图8-10）。

烟叶缺铁的叶片症状表现：

缺铁烟叶旺长期整株叶片症状表现见图8-11，全株叶片黄化。从叶片症状可以客观反映出烟叶缺铁程度及进程情况。

首先是烟叶上部叶出现脉间失绿斑，整片叶轻微褪绿（图8-12）。很快失绿斑黄化，叶脉绿色，叶片颜色整体变黄（图8-13）。随后叶片叶脉间黄化斑连接成片，叶脉绿色，出现明显的树枝状花叶（图8-14）。随着生长，烟叶缺铁症状越来越严重，叶片呈现明亮耀眼的黄色（图8-15），部分叶片出现平面化现象，并出现坏死斑（图8-16）。后期叶片白化，出现坏死斑（图8-17）。最后叶片完全白化，坏死斑破裂，叶脉褪绿色淡，但还能看出花叶现象（图8-18）。

发现烟叶缺铁症状后，施铁肥可迅速恢复生长，烟株上部叶先恢复绿色，新生叶恢复正常，但因缺铁影响，恢复后烟叶与正常烟叶差异较明显（图8-19）。

6.铁过量症状

铁过量时，烟株萎蔫，下部叶片逐渐黄化，植株矮小，生长受阻。上部烟叶失绿较轻，下部叶失绿变黄，叶脉仍保持绿色。严重时，叶片完全黄化至枯焦，叶脉褪色，上部叶变小变厚，根尖发黑，至枯死。烟叶中铁含量过高，调制后的烟叶易挂灰，导致烟气质量下降。

烟叶铁中毒初期，首先是脚叶褪绿，烟株似有萎蔫状，烟叶生长受到影响（图 8-20），脚叶黄化进程很快，并逐渐向上面叶发展（图 8-21）。随着烟叶生长，下部叶片黄化干枯，中部叶黄化，植株纤细（图 8-22）。与正常烟叶比较，铁中毒严重影响烟叶生长，同期移栽烟叶生长差异很大（图 8-23），严重铁中毒会导致烟叶很快死亡（图 8-24）。

7. 施肥及矫正技术

烟草缺铁的可能性较小。对于缺铁的烟株，一般在碱性土壤上施用螯合铁肥或将硫酸亚铁与有机肥混合施用。发生缺铁时，可叶面喷施 0.1% ～ 0.2% 的硫酸亚铁或柠檬酸铁等，连续喷 2 ～ 3 次，每隔 5 ～ 7 天喷一次。由于铁在烟株体内移动性较差，叶片老化后喷施效果较差，为此，叶面喷施时间宜早，且要喷施均匀。

烟草植株如出现铁中毒现象，会造成重大损失，通过施用生石灰、淋洗等措施只能起部分缓解作用。

图8-2　苗期缺铁初期，上部叶出现黄化斑

图8-3　上部叶逐渐黄化加重

图8-4　随着生长，症状加重，上部叶白化并出现枯死斑

图8-5 旺长期缺铁前期，上部叶褪绿黄化

图8-6　缺铁症状向中下部叶片发展，黄化加深

图8-7　随着生长，症状加重，全株黄化

图8-8　烟叶上部叶片全为明亮的黄色树枝状花叶

图8-9　后期中上部烟叶逐渐白化，并出现坏死斑

图8-10　缺铁烟株成熟期症状，白化严重

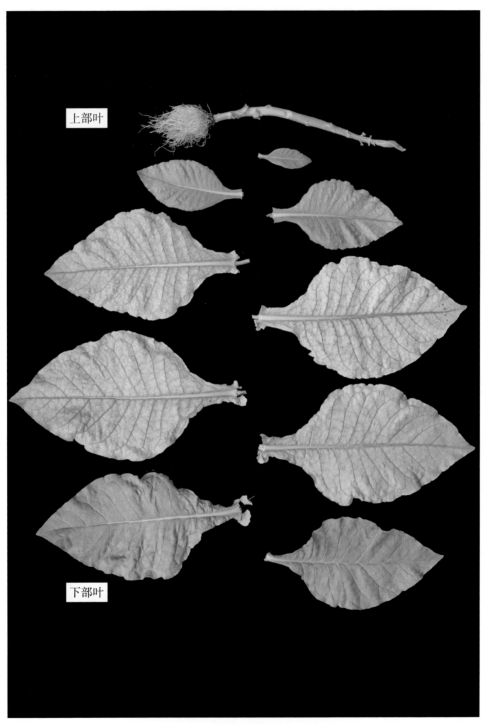

图8-11　缺铁烟叶旺长期整株叶片症状特征

图8-12 烟草缺铁初期叶片症状，出现叶脉间失绿斑

图8-13 随着生长，叶片颜色整体变黄

图8-14 症状加重，形成明显的树枝状花叶

图8-15　症状越来越严重，叶片呈现耀眼的黄色

图8-16　部分叶片出现平面化现象，并出现坏死斑

图8-17　严重缺铁的叶片开始白化，出现坏死斑

图8-18　最后叶片完全白化，坏死斑破裂，叶脉褪绿色淡

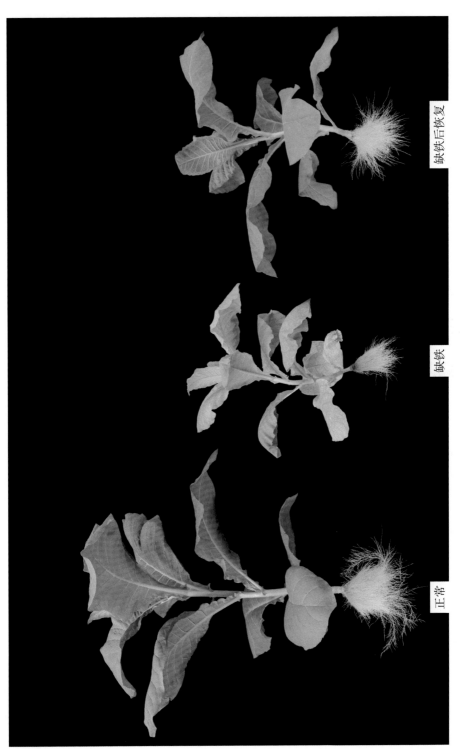

缺铁后恢复

缺铁

正常

图8-19 正常、缺铁、缺铁后施铁恢复烟株比较

图8-20 烟叶铁中毒，首先是脚叶失绿

图8-21　脚叶黄化进程很快，并逐渐向上面叶发展

图8-22 随着烟叶生长,下部叶片黄化干枯

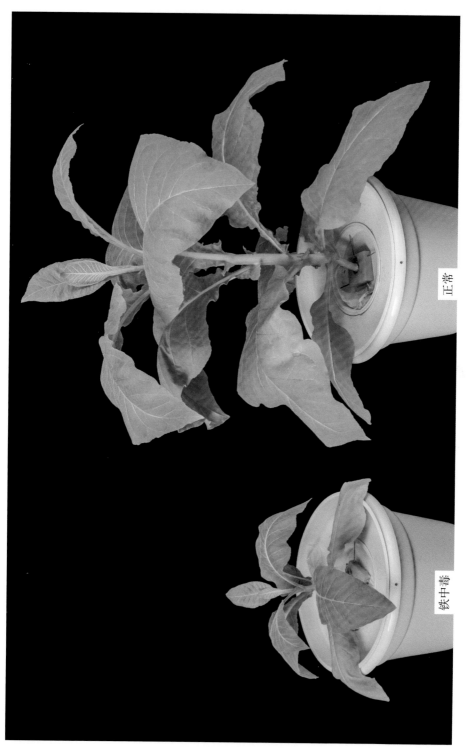

正常

铁中毒

图8-23　铁中毒与正常烟株比较

图8-24　严重铁中毒烟株与正常烟株比较

九、锌

锌是植物必需的微量元素之一，具有重要的生理功能和营养作用。锌主要以 Zn^{2+} 的形态被植物吸收，吸收后主要集中于根和顶端生长点及幼嫩叶片中，下部叶含量较少。锌是多种酶的组成成分和活化剂，如磷脂酶、谷氨酸脱氢酶、苹果酸脱氢酶、羧基肽酶和 RNA 聚合酶等，这些酶对植物体内的物质水解和氧化还原过程及蛋白质合成起着重要的作用。锌参与植物生长素的合成，促进花芽的形成及开花结果，并能促进种子萌发。锌参与植物光合作用、呼吸作用及蛋白质的代谢，促进植物营养生长及繁殖器官的发育，并能增强作物抗逆性。

锌在植物体内的含量一般为 25 ～ 150 mg/kg，因植物种类、品种、部位不同锌含量有较大差异，一般茎尖和幼嫩的叶片中含锌量较高。据中国科学院植物研究所研究表明，正常番茄植株顶芽含锌量最高，叶片次之，茎最少；整个植株中锌的分布呈由下而上逐渐递增的趋势。植物根系的含锌量常高于地上部分。供锌充足时，锌可在根中累积，而其中一部分属于奢侈吸收。一般植物含锌量低于 20 mg/kg 时就有可能出现缺锌症状。植物缺锌时，老叶中的锌可向较幼嫩的叶片转移，只是转移率较低。

锌对植物根系细胞膜、细胞结构的稳定性及功能完整性都必不可少。在植物中，锌对保护根表或根内细胞膜、提高作物的抗旱能力等都有重要作用。

1. 锌对烟草的影响

锌主要以离子态被烟草吸收，是烟草生长发育的必需营养元素，在烟草生长、发育及代谢中起着重要的作用，同时影响烟叶产量和品质。缺锌影响烟草色氨酸的合成，进而影响生长素的合成；同时，缺锌还影响烟草的呼吸作用及碳、氮等多种物质代谢，导致烟草生长缓慢、植株矮小、叶片数减少。

适量增施锌肥，烟株光合特征参数有所上升，烤烟叶片的光合能力明显提高，烟株生长和干物质积累、烟叶产量、中上等级别烟叶所占比重、产值都有所增加；但锌肥过量也会造成烟叶光合特征参数下降，叶片生长受到比较严重的影响，并使中上等烟叶产量下降、比重下跌。锌肥对烤烟烟叶具有增产、增值的双增效果，但又有不利于化学成分品质改善的负面影响（白羽祥等，2017；赵传良，2001）。

施用锌元素后，烟草根茎叶中的总氮含量都有不同程度增加，其中以叶中最为明显；而施加锌元素能推后烟草烟碱积累强度的峰值出现，推迟了烟草体内烟碱的积累，使烟碱含量明显降低（姚倩等，2017）。

黄学跃等（2003）在晒烟上应用锌肥的研究表明，锌肥能提高香气质和香气量，对改善烟叶香吃味的作用也较大，即能改善烟叶品质。锌还能提高烟株的抗病能力。

2. 土壤供锌

在我国，土壤中锌的含量变幅为 3 ~ 790 mg/kg，平均含量为 100 mg/kg；土壤锌含量因土壤类型不同而有差异，并受成土母质的影响。我国土壤锌含量的地理分布趋势是由南向北和由东向西逐渐降低（刘铮，1994）。土壤中的有效态锌是水溶性锌和代换态锌，其含量多少与土壤供锌水平密切相关。缺锌的临界值因土壤酸碱度和提取剂的不同而异，石灰性土壤的缺锌临界值为 0.5 mg/kg；酸性土壤中锌的有效性较高，缺锌临界值为 1.0 mg/kg。一般偏碱性土壤供锌能力较低，南方烟区的砂岩发育的红壤、黄壤，因长期高强度淋溶，也导致有效锌含量低；大量施用磷肥也容易诱导烟草缺锌。土壤有效锌含量 1.96 mg/kg 左右时有利于烟叶生长，4.69 mg/kg 以下时不会对烟株产生毒害，高于 9.75 mg/kg 时烟株会表现出中毒症状。

陈江华等（2008）提出我国植烟土壤锌的丰缺指标为有效锌含量 < 0.3 mg/kg 为极缺乏（低），0.3~0.5 mg/kg 为缺（低），0.5~1.0 mg/kg 为适中，1.0~3.0 mg/kg 为丰富（高），> 3.0 mg/kg 为很丰（高）。

陶晓秋等（2003）对四川省的土壤现状进行了综合评价：川南烟区有效锌含量为中等水平有少部分地区缺锌，川西南烟区的有效锌含量虽然属中等水平，但有一半的土壤缺锌，川东北烟区土壤有效锌则严重缺乏，应全范围内补锌，对川西南的普格、会理、宁南等缺锌的烟区应适当补锌。同时陶晓秋（2004）也对四川西南烟区土壤做了详细评价并指出，川西南烟区的有效锌含量范围为 0.19 ～ 18.64 mg/kg，平均含量为 1.28 mg/kg，缺锌面积较大，不同地块差异较明显。

3. 营养液中锌浓度对烤烟生长及失调症状的影响

艾绥龙等（1999）研究表明，当培养液中锌浓度小于 0.5 mg/L 时，会显著抑制烟草生长发育及其生理活性；而当锌浓度大于 0.5mg/L 时，烟草能正常生长发育并能维持较高的生理活性。说明培养液中锌浓度 0.5 mg/L 即为缺锌的临界值。

作者水培试验研究表明，4 月移栽的正常烟苗，当营养液中锌 ≤ 0.000 1 mmol/L 时，在移栽后一个月左右，部分中下部叶开始出现枯焦斑块，主要分布在叶脉附近，支脉对称分布，斑块较大，呈不规则圆形；栽后 52 天，烟株稍矮小，中下部叶片沿主脉两边出现枯焦斑，连成片，烟株开花。当营养液中锌 ≥ 0.5 mmol/L 时，栽后 13 天，烟株矮小，下部叶发黄，叶脉绿色，脉间叶肉黄绿色，呈网纹状；栽后 33 天，烟株极其矮小，整株烟叶黄化，与缺镁症状相似；栽后 52 天，叶小而窄，质地厚，粗糙。当营养液中锌 ≥ 1.0 mmol/L 时，移栽后一周出现毒害症状，烟株矮小，叶片萎蔫发黄；当营养液中锌 ≥ 5.0 mmol/L 时，移栽后三天表现出症状，烟株萎蔫，叶片长出斑点，烟株死亡；当锌浓度为 0.001 mmol/L ≤锌≤ 0.1 mmol/L 时，烟株无明显症状。

4. 烟叶含锌

烟叶的锌含量一般为 51 ～ 84 mg/kg。在不同的部位，烟叶的锌含量是上部叶 > 中部叶 > 下部叶，这与锌在烟叶体内的移动性较强有关；在同一叶片中，叶片中部的锌元素含量最高（张乐奇等，2010；李朋发等，2016）。烟叶中的锌主要分布在叶部，它占全株总含锌量的 63.8%，且在上中部叶片中积累较多，中部叶片最多的含锌达 0.288 mg；烟草吸收的锌，按含量多少依次为叶 > 茎 > 根 > 果实（唐年鑫，1997）。叶片缺锌的临界范围为 10 ～ 20 mg/kg，此值可作为烤烟锌营养的诊断指标。对大多数植物而言，叶片生长所需要的锌含量为 15 ～ 20 mg/kg，当植物体内锌含量达到 100 mg/kg 时可能会过量，而当锌含量达到 400 mg/kg 时则对大多数作物表现为毒害作用。

作者水培试验研究表明，烟株表现出缺锌症状时，苗期烟叶锌含量为

251 mg/kg，团棵期烟叶锌含量为 6.7 ～ 11.6 mg/kg，旺长期烟叶锌含量为 11.4 ～ 18.3 mg/kg，成熟期烟叶锌含量为 7 mg/kg。

烟株表现出锌过量症状时，团棵期烟叶锌含量为 2 107 mg/kg，旺长期烟叶锌含量为 2 932 mg/kg。

5. 锌缺乏症状

正常烟苗移栽后一个月内，锌低浓度及缺锌处均未表现出缺素症状，说明烟叶生长前期所需锌的量很少。缺锌处理 40 天左右表现出症状。锌在植物体内属于易移动元素，缺锌最先表现在下部叶片，然后向中上部叶片发展。缺锌早期，首先是下部叶片叶肉失绿黄化，进而发展成不规则的浅棕色坏死斑块或者似水渍状浅褐色斑块，主要沿叶脉发展，看似条状病斑，也有散状分布斑块。随后斑点增多，连成片，沿叶脉发展，后枯焦。中后期，烟株生长缓慢、矮小，斑块逐渐增多，上部叶色暗绿增厚，叶面皱缩扭曲，节间缩短，叶小直立。叶基部呈褐色，下部叶片脉间出现大而不规则的枯褐斑，接着产生枯死或破烂，老叶失绿，随时间的推移枯斑逐渐扩大，叶片枯死。

与正常烟叶比较，缺锌的烟叶表观差异较大，缺锌症状明显（图 9-1）。

图9-1 正常烟叶与缺锌烟叶比较

烟叶各生育期缺锌的主要症状及进程表现：

正常烟苗移栽后 40 天左右表现缺锌症状，此时烟叶已进入旺长期。烟叶缺锌，首先从中下部叶尖端开始表现症状，下部叶出现失绿斑块，以沿叶脉连条较多（图 9-2、图 9-3）。随着烟叶生长，症状加重，各种斑块增多，中下部叶斑块沿叶脉连片发展，并向中上部叶发展，脚叶黄化（图 9-4），症状逐渐发展到全株叶片，特别是烟叶叶片尖端症状严重，开始枯焦（图 9-5）。后期中部叶完全被枯斑覆盖，呈一片枯焦状，但叶脉还有部分绿色，植株生长受到严重影响（图 9-6）。

成熟期缺锌，首先从下部叶表现症状，脚叶黄化，形成连片枯斑，并向中部叶发展（图 9-7）。症状逐渐加重，叶片枯斑、坏死向中上部叶片发展，下部叶黄化严重，烟株细长（图 9-8）。最后几乎整株烟叶叶片都被枯死斑覆盖，条状斑明显，烟叶近于枯死（图 9-9）。

缺锌处理到成熟期时烟叶中下部叶枯焦，发生很多侧芽，上部叶黄化病斑密布。整体看烟叶中下部一片枯焦（图 9-10），烟株新生的侧芽新叶外卷，叶尖和端部叶缘坏死（图 9-11）。

烟叶缺锌的叶片症状表现：烟叶缺锌整株叶片症状表现见图 9-12，这是缺锌烟叶生长到旺长期的叶片症状情况，是比较严重的状况。

烟叶缺锌初期，在叶脉两侧出现浅色、浅褐色、浅棕色几种不规则斑块，主要在叶脉间发生，再沿叶脉发展连条、成块，以条状斑为主（图 9-13、图 9-14），同一片叶上大多时候分布有各种病斑（图 9-15）。随着烟叶生长，缺锌症状加重，叶片前端部分斑块很快发展成连片（图 9-16），随后病斑跨过中小叶脉，连片发展到整个叶面（图 9-17）。

烟叶缺锌的另一种病斑特征是病症呈条状沿叶脉发展（图 9-18）。随着缺锌加重，烟叶叶片黄化，病斑沿叶脉大量发展（图 9-19）。随后叶片严重黄化，沿叶脉发展的病斑呈明显的条状枯死（图 9-20），直到最后叶片焦枯。

6. 锌过量症状

烟株锌严重过量，新叶萎蔫扭曲，下部叶失绿，沿叶脉间枯焦，随时间的推移，下部叶出现大而不规则的枯斑，坏死斑增多，烟株生长缓慢或停止。根出现褐色，根尖变黑，很快烂根死亡。中毒轻的，烟叶脉间褪绿黄化，形成以叶脉为枝的树枝状花叶，最后白化焦枯，烟叶可以生长很长时间。

烟叶锌中毒初期，下部叶首先出现叶脉间失绿黄化斑，烟叶褪绿（图9-21）。很快下部叶叶脉间失绿黄化斑加重，脉间连片，叶脉绿色，呈明显的树枝状花叶（图9-22）。症状逐渐发展到顶部叶，全株叶片失绿黄化，形成树枝状花叶（图9-23），俯视时症状更清晰（图9-24）。随后整个烟株花叶越来越严重，小叶脉褪绿，大叶脉保持一定绿色，下部叶开始逐渐干枯死亡（图9-25）。

烟叶锌中毒的叶片症状表现：锌中毒前期，叶片出现脉间失绿斑（图9-26）。失绿黄化斑逐渐连片，叶脉保持一定绿色，形成明显的树枝状花叶（图9-27）。花叶逐渐白化，出现坏死斑，直到叶片枯死（图9-28）。

烟叶锌中毒将严重影响烟叶生长，严重中毒会很快导致烟叶死亡（图9-29）。

7. 施肥及矫正技术

烤烟上常用的锌肥主要是硫酸锌，含锌40.5%，白色结晶粉末，易溶于水，可作基肥和追肥。凡属于供锌水平低的烟田，可用15～30 kg/hm² 硫酸锌随基肥施入予以矫正。生长期发现缺锌，可用叶面喷施硫酸锌方法补给，浓度掌握在0.1%～0.2%，喷2～3次，相隔6天喷施一次。锌肥若与氮、磷、钾肥配合施用，则能发挥更好的肥效，获得更好的收成。缺锌田块可每年或隔年在底肥施用一次硫酸锌，每次一般不超过30 kg/hm²，以免发生肥害。缺锌不严重的田块，可仅作叶面喷施1～2次，就能满足烤烟生长的需要，并有预防病毒病的作用。对于酸性土壤，可每公顷土施七水硫酸锌15 kg；碱性土壤可通过施用生理酸性肥料，调节pH值以减轻缺锌程度。

烟草植株如出现锌中毒现象，会造成重大损失，通过淋洗和施用石灰提高土壤pH值，是降低锌含量和减轻锌中毒的有效措施。

图9-2 烟叶缺锌初期症状

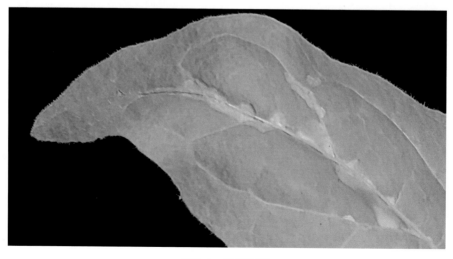

图9-3 症状特写

图9-4　随着烟叶生长，症状加重

图9-5　症状逐渐发展到全株，叶尖端开始枯焦

图9-6　缺锌后期，烟株枯焦明显，植株生长不正常

图9-7　成熟期缺锌，脚叶黄化，形成连片枯斑

图9-8　症状逐渐向中上部叶片发展，下部叶黄化

图9-9　最后烟叶近于枯死

图9-10 烟叶严重缺锌群体状况

图9-11　缺锌烟株新生侧芽新叶外卷，叶尖和端部叶缘坏死

图9-12　缺锌烟株旺长期整株叶片情况

图9-13　烟叶缺锌初期，沿叶脉生成浅色枯斑

图9-14　烟叶缺锌初期的另一类症状，脉间生成棕色枯斑

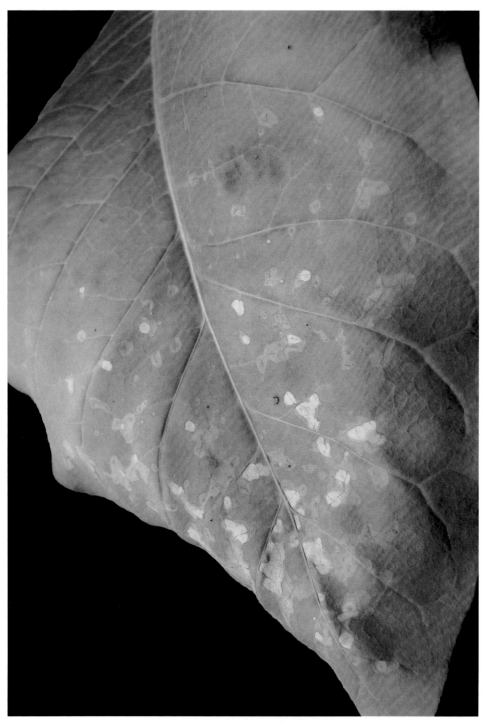

图9-15 叶片上几种主要的不规则斑块

图9-16　随着生长，烟叶缺锌症状加重

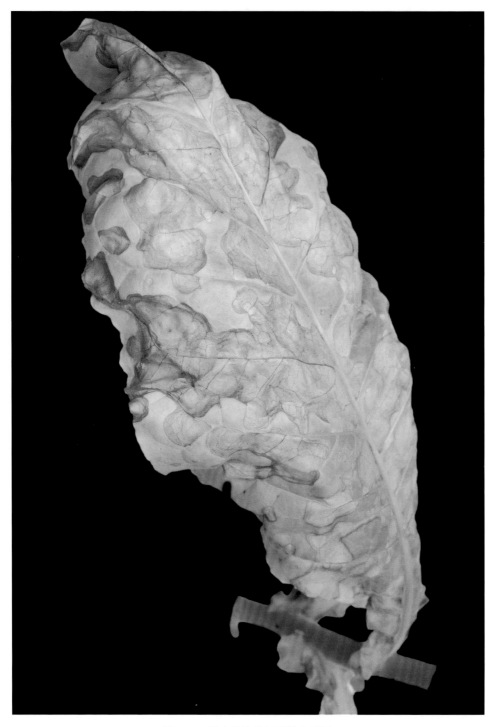

图9-17 枯斑连片发展到整个叶面

图9-18　缺锌的另一种病斑，病症呈条状沿叶脉发展

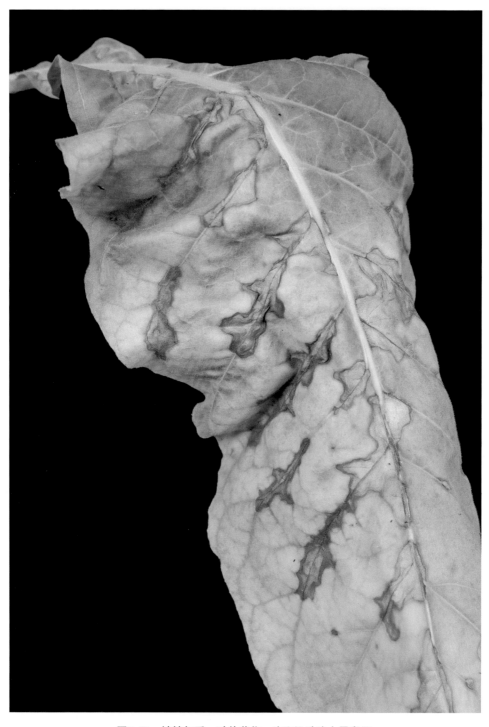

图9-19　缺锌加重，叶片黄化，病斑沿叶脉大量发展

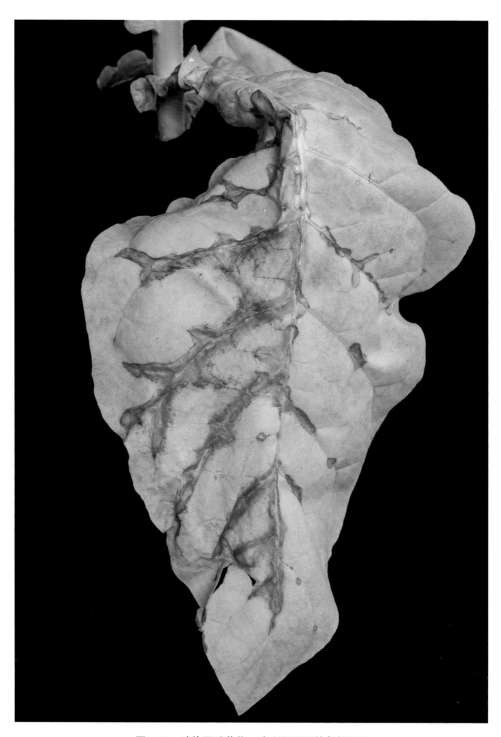

图9-20　叶片严重黄化，病斑呈明显的条状枯死

图9-21 烟株锌过量时，下部叶首先出现叶脉间失绿黄化斑

图9-22　很快下部叶叶脉间失绿黄化斑加重，呈明显的树枝状花叶

图9-23 症状逐渐发展到顶部叶，全株叶片失绿黄化，形成树枝状花叶

图9-24　俯视烟株锌中毒症状

图9-25 从下部叶片开始逐渐干枯死亡

图9-26　锌中毒前期叶片症状，出现脉间失绿斑

图9-27　脉间失绿黄化，叶脉保持一定绿色，形成明显的树枝状花叶

图9-28　花叶逐渐白化，出现坏死斑，直到叶片枯死

锌中毒　　　　　　　　　　　　正常

图9-29　严重中毒烟株（很快死亡）与正常植株比较

十、锰

锰主要以 Mn^{2+} 形式被植物吸收，在植物体内有重要的生理功能。锰是多肽酶的活化因子，是氨基酸合成肽键，进而合成蛋白质的重要元素。锰是植物光合作用反应过程的直接参与者，是形成叶绿素和维持叶绿素正常结构的必需元素，对叶绿素的合成以及叶绿体的发育、增殖、片层结构的维持都有重要作用。锰对植物细胞的分裂和伸长有很大影响，其中对细胞伸长的影响比对细胞分裂大。缺锰时细胞分裂和伸长都受到抑制，会使植株侧根的形成完全停止。锰可促进种子发芽和幼苗早期生长，加速花粉萌发和花粉管的伸长，提高结实率。锰是光合放氧复合体的主要成员，缺锰使光合放氧受到抑制；锰还影响硝酸还原酶的活性，缺锰使硝酸还原酶活性下降，导致硝酸不能还原成氨，进而使植物不能合成氨基酸和蛋白质。因此，缺锰将会引起植物一系列的代谢紊乱。

植物的锰含量一般为 20 ~ 100 mg/kg，变幅较大，在植物组织中锰的分布也是不均匀的，不同生育期以及各器官中锰的含量变化也较大。锰的吸收受植物代谢作用和环境条件影响较大，植物代谢作用控制锰的吸收，其他阳离子对锰的吸收也有拮抗作用。环境条件，特别是土壤 pH 值对锰吸收影响较大。酸性土上，植物锰含量较高，随土壤 pH 值上升，土壤中可提取态锰的数量明显减少。

锰在植物体内的移动性不大。植物缺锰时，一般幼小到中等叶龄的叶片最易出现症状，而不是最幼嫩的叶片。

1. 锰对烟草的影响

锰是烟草生长发育需要量最多的微量元素之一。烟草对缺锰很敏感，可作为缺锰的指示植物。缺锰时，光合作用受抑制，烟草可溶性碳水化合物含量显著降低。合理施用锰肥可提高烟叶产量和中上等烟的比例。有关研究人员通过研究认为合理施锰肥能增加株高、促进叶片的生长、增加烤烟的干物质量，从而提高烟叶的产量。增施锰肥能有效提高中下部烟叶钾含量，降低中下部叶淀粉含量，对上部叶烟碱、总氮也有显著的降低效果，同时增施锰肥能显著提高烟叶产质量，但中下部烟总糖、还原糖、总氮含量显著增加。锰与铁之间存在着拮抗关系，在植物中这两种元素应保持适宜的比例，才能使植物生长正常。锰对烟草的生长表现出"低促进高抑制"现象，即在低浓度时锰作为一种营养元素对烟草的生长有一定促进作用，但高浓度的锰却会阻碍烟草的生长和发育（王学锋等，2007）。过量的锰还会诱发其他矿质营养元素的缺失或过量。

2. 土壤供锰

土壤中的锰主要来自于成土母岩，岩石圈中大部分岩石都含有锰，经溶解和氧化作用形成氧化物和含氧酸盐而进入土壤溶液。土壤中锰的含量受母质类型、土壤质地、成土条件和土壤发育程度以及土壤性质、有机质等影响较大。我国土壤中锰的含量范围为 42 ～ 3 000 mg/kg，平均含量为 482 mg/kg，能被烟草利用的锰仅占全锰含量的 10% ～ 40%。我国南方的酸性土壤含锰量较北方石灰性土壤高，石灰性土壤和酸性土壤间锰的含量存在着显著的差异（刘铮等，1980）。田茂成等（2013）对湘西植烟土壤分析发现，土壤锰含量从高到低依次为红灰土、石灰土、黄壤、红壤、水稻土、黄棕壤。其中红灰土壤的有效锰含量极显著地高于黄棕壤。

全国第二次土壤普查提出的土壤锰丰缺指标为土壤有效锰含量 < 1.0 mg/kg 为极缺乏，1.1~5.0 mg/kg 为缺，5.1~15 mg/kg 为适中，16~30 mg/kg 为丰富，> 30 mg/kg 为很丰。

土壤中对烟草有效的锰是活性锰，即水溶性锰、交换性锰和还原态锰。活性锰含量是衡量土壤锰丰缺的重要指标。活性锰含量 < 100 mg/kg 时，烟株常

出现缺锰症状。在有机质泥炭土、高有机质含量的沙土、高 pH 值的石灰土壤和石灰施用量过大的酸性土壤上，都有缺锰的可能。干旱缺水时，锰以稳定的四价化合物存在，有效性降低，易使烟株出现缺锰症状。

3. 营养液中锰浓度对烤烟生长及失调症状的影响

作者水培试验研究表明，当营养液中缺锰时，烟苗移栽后 35 天左右表现出缺锰症状，首先是烟株中部叶片褪绿，叶缘变黄，叶软下垂，叶片出现白色泡点和黄褐色小斑点。当营养液中锰浓度为 0.1 mmol/L 时，移栽后 8 天，表现出过量症状，叶片从下到上变黄，与缺铁症状相似。当营养液中锰浓度为 1.0 mmol/L 时，移栽后 8 天，上部叶片黄化，呈花斑状，有大片霉状斑点。当营养液中锰浓度为 10 mmol/L 时，移栽后 8 天，叶尖枯焦，叶片上有很多霉状斑点（与煤污病相似），烟苗萎蔫死亡。

4. 烟叶含锰

锰主要分布在烟株的叶部，占全株总含锰量的 50% 左右，锰在烟草植株中的分布，按含量多少依次为叶＞根＞茎（唐年鑫，1997）。在烟株不同部位叶片中，锰含量为下部叶＞中部叶＞上部叶，单片烟叶中锰含量有从边缘向中心逐渐升高的趋势（李朋发，2016）。烟叶中锰含量过高，烟叶调制后呈黑灰色。

对大多数作物而言，一般认为，含锰量的评价标准为：小于 20 mg/kg 为缺乏，20 ~ 500 mg/kg 为适量，大于 500 mg/kg 为过量。锰在烟草体内的含量范围一般在 140 ~ 700 mg/kg。烤后烟叶锰的含量一般为 50 ~ 260 mg/kg，烟叶含锰量低于 50 mg/kg 时，可能产生缺锰症状。王学峰（2007）研究表明，锰对烟草的临界毒害质量浓度可能为 1 500 mg/kg。

作者水培试验研究表明，当烟株表现缺锰症状时，苗期烟叶锰含量为 75 mg/kg。烟株锰过量时，团棵期烟叶锰含量为 985 mg/kg，旺长初期烟叶锰含量为 1 021 mg/kg，旺长期烟叶锰含量为 816 mg/kg，成熟期烟叶锰含量为 432 mg/kg。

5. 锰缺乏症状

锰在烟株体内移动性较差，缺锰症状首先从中上部叶开始。缺锰条件下，正常烟苗移栽后35天左右表现出缺锰症状，首先是烟株中上部叶开始褪绿，叶缘变黄，叶软下垂，叶片出现白色泡点和黄褐色小斑点，逐渐扩展散布于整个叶片上，再向下、向上发展。后期脉间失绿，叶脉绿色，叶片呈花纹状，组织坏死脱落，烟株变矮，下部叶症状逐渐变得最严重，上部叶也可能出现斑点。

与正常烟叶比较，缺锰的烟叶表观差异较大，缺锰症状明显（图10-1）。

图10-1　正常烟叶与缺锰烟叶比较

烟叶各生育期缺锰的主要症状及进程表现：

正常育苗的烟苗移栽后，缺锰一般最早在旺长初期表现症状。首先是中上部叶片出现泡状现象（图10-2），下部叶片出现少许不明显的褪色小斑点。随后中部叶片出现明显的黄色小斑点，再向下、向上发展；叶片褪绿，叶缘变黄，叶软下垂，小斑点逐渐发展成泡点和黄褐色小斑块，逐渐扩展散布于整个叶片上（图10-3）。下部叶片症状发展较快，严重程度超过中上部叶片，下部叶片布满褐色或黄色斑点（图10-4）。随着生长，症状越来越严重，下部叶片逐渐出现坏死斑块（图 10-5）。随后烟株脚叶开始枯死（图 10-6）。从群体看，整排烟叶都是缺锰的黄色斑点叶片（图 10-7）。

烟叶缺锰的叶片症状表现：较严重缺锰的烟株，全株叶片都有缺锰症状，其中下部叶症状严重，缺锰斑布满全叶，叶片褪绿黄化，基部叶干枯死亡，上部叶症状较轻（图 10-8）。

烟叶缺锰初期，首先是烟叶叶片尖端出现黄色或黄褐色斑点（图 10-9），缺锰斑点逐渐发展到整片叶（图 10-10）。随着烟叶生长，缺锰越来越严重，叶片上的斑点逐渐连接形成黄褐色小斑块，叶片褪绿（图 10-11），斑块逐渐增多、增大（图 10-12）。部分叶片也出现白色斑点（图 10-13）。随后叶片失绿，白色斑点、斑块及黄褐色斑点覆盖叶片（图 10-14）。到后期，烟叶叶片上各种斑点、斑块增多、连片，最后逐渐枯死（图 10-15）。

6. 锰过量症状

锰过量时，叶片从下到上变黄，呈花斑状，叶片上有棕色或黑色煤灰状小斑点，沿叶脉处排布，严重时，叶片表面有大片的灰色或黑褐色霉状斑点，叶尖枯焦，烟苗萎蔫，烟株死亡。

烟叶锰中毒将严重影响烟叶生长（图 10-16）。烟叶苗期锰中毒初期，新叶首先黄化（图 10-17）。黄化逐渐加重，叶脉保持绿色，形成树枝状花叶，下部叶片开始出现褪绿黄化斑，新生叶发出后很快黄化（图 10-18）。随后中上部叶片黄化向白化发展，中部叶出现褐色坏死斑块，成为症状最严重的叶片，叶脉仍保持一定绿色（图 10-19）。症状逐渐加重，中部叶片白化并布满坏死斑，上部叶也全部黄化，坏死斑块严重（图 10-20）。最后中下部叶片开始枯死，上部叶黄化并布满枯死斑，烟株近于死亡（图 10-21）。

7. 施肥及矫正技术

在土壤缺锰时，对于酸性土壤，可每公顷土施三水硫酸锰 15 ~ 30 kg；碱性土壤可通过施用生理酸性肥料，调节 pH 值以减轻缺锰程度。早期发现缺锰现象，可叶面喷施 0.2% ~ 0.3% 硫酸锰溶液，隔 5 ~ 7 天喷施一次，连续 2 ~ 3 次。

图10-2 缺锰首先是中上部叶片出现泡状现象

图10-3　随后中部叶片出现明显的黄色小斑点，再向下、向上发展

图10-4 下部叶片症状加重较快,整片叶看上去都是褐色或黄色斑点

图10-5　随着生长，症状越来越严重

图10-6 脚叶开始枯死

图10-7　缺锰的群体表现，整排都是褪绿的缺锰斑点叶片

图10-8　烟草缺锰全株叶片症状表现

图10-9　缺锰初期，叶片尖端出现黄色或黄褐色斑点

图10-10　斑点逐渐发展到整片叶

图10-11　症状逐渐严重，小斑点发展成小斑块

图10-12　斑块逐渐增多、增大

图10-13　部分叶片也出现白色斑点

图10-14　叶片失绿，白色斑点、斑块覆盖叶片

图10-15　斑块增多连片，并逐渐枯死

图10-16　苗期正常烟株与锰中毒烟株比较

图10-17　苗期锰中毒初期，新叶首先黄化

图10-18 黄化逐渐加重，叶脉保持绿色

图10-19　中上部叶片开始白化，中部叶出现褐色坏死斑块

图10-20　中部叶白化，并被坏死斑块全覆盖

图10-21 全株叶片黄化、白化，近于死亡

十一、铜

铜是植物正常生长发育所必需的微量营养元素。在通气良好的土壤中，铜多以 Cu^{+2} 被植物吸收；而在潮湿缺氧的土壤中，铜则多以 Cu^+ 被吸收。铜是多酚氧化酶、抗坏血酸氧化酶、细胞色素氧化酶等诸多氧化酶的构成成分，在呼吸作用的氧化还原中起重要作用。铜也是光合电子传递中的电子递体质蓝素的组成成分，参与并直接影响植物的光合作用。铜还是超氧化物歧化酶的组成成分，参与控制膜脂的过氧化，与成熟衰老有关。铜对保持叶绿素的稳定性、促进细胞内蛋白质和糖代谢也有重要作用。

植物需铜数量不多，大多数植物的含铜量在 5 ~ 25 mg/kg，多集中于幼嫩叶片、种子胚等生长活跃的组织中，而茎秆和成熟的叶片中较少。植物含铜量常因植物种类不同差异很大，一般豆科作物含量高于谷类作物。同一植物含铜量随植株部位、成熟状况、土壤条件等因素变化差异也较大。铜在叶片中的分布是均匀的，这一点和锰不同。叶片中叶绿体含铜量比较高，约有70% 的铜结合在叶绿体中。植物吸收铜受代谢作用的控制，根系中铜的含量往往比地上部高，尤其是根尖。地上部分中种子和生长旺盛部位含铜量较高。铜的移动取决于体内铜的营养水平，供铜充足时，铜较易移动；而供应不足时，铜则不易移动。

1. 铜对烟草的影响

铜是烟株吸收量较小的矿质养分，吸收量一般为 5 ~ 10 mg/ 株。铜对烟草正常的生长发育及产量的提高、品质的改善都有重要意义。铜对促进烟株根系发育、烟株蛋白质与烟碱的合成、促进烟叶成熟均匀、提高上等烟比例、提高烟叶质量和产量等都有较好的作用。已有研究指出，适量喷施铜肥，有利于烟株的成熟落黄，能在一定程度上降低烟叶中氯的含量，还能较明显地改善原烟的外观质量，进而增加烤烟生产的经济效益。

铜元素能够增强烟株的抗病能力。首先，铜元素诱导可提高烟草抗 PVY^N（马铃薯 Y 病毒脉坏死株系）的能力。铜元素能缓解病毒侵染对植株造成的伤害，减轻烟株的发病程度，能够诱导脯氨酸及可溶性糖的积累，从而增强烟株的抗性。此外，铜元素对烟株产生的诱导作用能刺激乙烯的产生，从而进行抗病信号的传递（刘炳清等，2014）。

刘鹏等（2009）通过水培实验研究发现，烟株体内铁、铜、镁等元素的含量随着铜处理量的增加呈现先增加后降低的趋势，表明一定浓度的铜处理有利于烟草对其他矿质元素的吸收，但是高浓度的铜处理则会抑制烟草对其他矿质元素的吸收，而且抑制营养元素向地上部分的运输。铜与钼、锌存在着拮抗关系，在钼与锌过量时，易引起烟株缺铜，而适度施用铜肥则可以得到纠正。铜与氮、磷之间存在着拮抗关系，过量施用氮肥和磷肥都有可能导致植株铜的缺乏，而过量的铜则会抑制植株对氮、磷的吸收。

李宽等（2007）研究指出铜对烟草光合特性的影响表现为低浓度促进和高浓度抑制的双重作用，且低浓度的促进作用随着时间的延长而减弱，高浓度的抑制作用随着时间的延长而加强。

铜素供应过多，会对烟苗产生毒害，叶片上出现淡黄色至黄白色的斑块，根系少而呈褐色，烟苗生长缓慢，严重时可导致烟苗死亡。当烟草铜含量过高时，则出现铜毒害症状，在生长旺盛的大叶片上出现红铜色的枯死斑点。

2. 土壤供铜

土壤中的有效铜包括水溶态铜和代换态铜，受土壤有机质含量和土壤酸碱度的影响较大。在 pH 值 5.5 ~ 5.9 时土壤有效铜含量最高；土壤有机质过高，有机质容易与铜形成稳定的络合物，使铜的有效性降低。在碱性条件下铜多呈 $Cu(OH)^+$ 状态，在石灰性土壤中，铜多以不易溶解的碳酸铜或铜的复盐形式存在，导致铜的有效性降低。在砂质土壤上容易出现缺铜。土壤有效铜用 DTPA（二乙基三胺五乙酸）提取小于 0.2 mg/kg 时，可视为缺铜。烟草根系吸收铜素的形态为 Cu^{2+}，烟草吸收铜的方式主要是根系截获。烟草属喜铜作物，土壤铜含量高低直接影响烤烟的产量与品质。

全国第二次土壤普查提出的土壤铜丰缺指标为土壤有效铜含量＜ 0.1 mg/kg 为极缺乏，0.11~0.2 mg/kg 为缺，0.21~1.0 mg/kg 为适中，1.1~1.8 mg/kg 为丰富，＞ 1.8 mg/kg 为很丰。

3. 营养液中铜浓度对烤烟生长及失调症状的影响

徐照丽等（2006）研究表明，铜对烤烟毒害的临界值在 1.0 ~ 1.2 mg/L。作者的水培试验研究表明，当营养液中缺铜时，正常烟苗移栽后 40 天左右出现缺铜症状，首先是上部叶暗绿卷曲，萎蔫不能恢复，叶片颜色从上到下变浅，随后下部叶出现大理石状花纹。当营养液中铜浓度为 0.003 mmol/L 时，移栽后 8 天，出现铜中毒症状，烟株上部叶发黄，从叶柄向叶尖发展。当营养液中铜浓度为 0.03 mmol/L 时，移栽后 8 天，烟株上部叶从叶柄到叶尖开始发黄，后萎蔫、死亡。结果表明，当营养液中铜浓度为 0 时，烟株表现出缺铜症状；当铜浓度为 0.000 3 mmol/L 时，烟株正常生长；当铜浓度大于或等于 0.003 mmol/L 时，表现出毒害症状。

4. 烟叶含铜

铜多分布于生长活跃的幼嫩组织中，一般叶片含量较多，主要分布于叶片细胞的叶绿体（70%）和线粒体中，其含量为茎的 2 ~ 3 倍，根的含量最低。在烟株体内，铜营养元素含量的分配与部位关系密切，表现为顶权＞叶＞茎＞根，铜的含量随烟叶部位的上升而上升。烟叶烤后铜含量一般为 15 ~ 21 mg/kg。

作者的水培试验研究表明，当烟株表现缺铜症状时，苗期烟叶铜含量为 1.49 mg/kg。当烟株表现铜过量症状时，团棵期烟叶铜含量为 20.6 mg/kg，旺长初期烟叶铜含量为 24 mg/kg，旺长期烟叶铜含量为 20.4 mg/kg。

5. 铜缺乏症状

铜主要存在于烟株生长活跃部分，在植株体内的移动性很小。正常烟叶移栽后 40 天左右，缺铜处理表现出症状。缺铜的症状主要有两种表现形式：一种是烟叶顶端叶片尖端萎蔫，初期症状不明显，上部叶逐渐暗绿卷曲，顶端新叶出现永久性萎蔫并不能恢复，叶片颜色从上到下变浅，随后烟株中下部叶片主脉和支脉两侧出现透明状泡斑，下部叶出现大理石状花纹，叶片呈蓝绿色，脉间失绿，随着缺铜的发展，叶脉两侧的泡斑连成一片形成坏死斑块，后枯焦，破碎脱落。严重缺铜时，植株顶端新叶出现永久性萎蔫后黄化，不再生长，新叶无法展开；下部不断发生腋芽形成侧枝，生长到一定时候也萎蔫；下部叶片出现枯焦。缺铜烟株开花后，花芽（花瓣）不能直立，顶部呈簇生状。第二种症状是烟株下部叶颜色呈蓝绿色，叶片出现大量浅白色斑点，主要沿叶脉分布，脉间失绿；随着缺铜时间延长，斑点逐渐布满整片叶叶脉两侧，部分连接形成斑块；部分叶片在出现斑点的同时出现坏死棕色斑块，并沿叶脉连条发展，最后枯死。

与正常烟叶比较，缺铜的烟叶表观差异较大，缺铜症状明显（图11-1）。

正常　　　　　　　　　　　　　　　缺铜

图11-1　正常与缺铜烟叶比较

烟叶各生育期缺铜的主要症状及进程表现：

正常烟苗移栽后40天左右，缺铜处理出现症状，此时烟叶已到旺长期。

烟叶缺铜初期，首先是烟株上部叶叶尖出现明显的萎蔫（图11-2、图11-3），随后烟叶尖端开始出现黄化现象（图11-4）。随着缺铜时间的延长，上部叶叶顶端黄化加重，出现坏死，逐渐向叶中下部发展（图11-5）。开花后，花也萎蔫并逐渐枯死（图11-6）。由于顶端生长受阻，烟叶出现很多侧芽，形成分枝、丛生，分枝叶上出现缺铜斑（图11-7），分枝顶端叶片和新叶逐渐出现黄化，部分下部叶片出现枯死（图11-8）。缺铜烟株，除顶部萎蔫外，烟叶中下部叶还会出现大量白色或浅黄色斑点，并且沿叶脉两侧出现浅色、棕色坏死斑块（图11-9）。坏死斑沿叶片叶脉连成条状，叶片主脉易折断，叶片上布满黄色斑点（图11-10），叶片基部及小叶枯死（图11-11）。

烟叶缺铜的叶片症状表现：中度缺铜烟叶全株都有症状，主要是各种沿叶脉生成的坏死斑块，中部叶最严重（图11-12）。缺铜初期，首先是烟叶上部叶片尖端萎蔫黄化（图11-13）。随着生长，症状加重，叶尖端出现棕褐色坏死（图11-14）。烟叶缺铜的另一种症状，是烟叶中下部叶片沿叶脉两侧出现浅白色斑点（图11-15）。随着生长，斑点逐渐增多、沿叶脉两侧发展，部分合并成小斑块（图11-16），然后沿叶脉发展成纹路状，形成花纹状花叶（图11-17），后期斑点布满整个叶片的叶脉两侧，斑点连成斑块，并逐渐枯死（图11-18）。在叶脉两侧出现斑点时，部分叶片同时出现不规则的坏死斑块（图11-19），斑点和斑块同时发展，斑块沿叶脉发展连成条状，导致叶脉也干枯，折断，最后斑点布满整个叶片的叶脉两侧（图11-20）。

6. 铜过量症状

铜过量，对烟叶生长影响很大，中毒烟株生长缓慢，与正常烟株比较，差异很大（图11-21）。严重的新叶黄化，由叶柄向叶尖发展，烟苗萎蔫，茎基部枯死折断，烟苗死亡；一般的新叶很快形成脉间黄化斑，叶脉保持绿色，形成树枝状花叶，并逐渐向白化发展。

烟草铜中毒初期，首先是烟叶新叶黄化（图11-22）。铜中毒较轻的烟叶，新生叶颜色较淡，很快形成脉间失绿黄化斑，叶脉保持绿色，新叶症状较轻，中上部叶形成树枝状花叶（图11-23）。随着生长，黄化逐渐加重，中部叶完全黄化，并向白化发展，小叶脉褪色；中部叶叶脉间褪色严重黄化，叶脉保持绿色，树枝状花叶明显（图11-24）；上部叶逐渐完全黄化，小叶脉褪色，大叶脉保持一定绿色，烟叶生长严重受阻（图11-25）。

7. 施肥及矫正技术

在烟叶缺铜时，对于酸性土壤，可每公顷土施五水硫酸铜15～30 kg；碱性土壤可通过施用生理酸性肥料，调节pH值以减轻缺铜危害。早期发现缺铜现象，可叶面喷施0.2%～0.3%硫酸铜溶液，隔5～7天喷施1次，连续2～3次。

图11-2 烟叶缺铜初期症状，叶尖萎蔫

图11-3　叶尖出现萎蔫的放大图

图11-4 烟叶尖端开始出现黄化现象

图11-5 随着缺铜时间延长，上部叶顶端黄化加重

图11-6　花萎蔫并逐渐枯死

图11-7　烟叶出现很多侧芽，形成分枝、丛生

图11-8　逐渐分枝顶端叶片和新叶出现黄化，部分叶片出现枯死

图11-9　烟叶中下部叶片出现白色或浅黄色斑点及棕色坏死斑

图11-10　坏死斑沿叶脉连成条状，叶片主脉易折断

图11-11　叶片基部及小叶枯死

上部叶

下部叶

图11-12　缺铜（中度）烟叶全株叶片情况

图11-13　上部叶片尖端萎蔫黄化

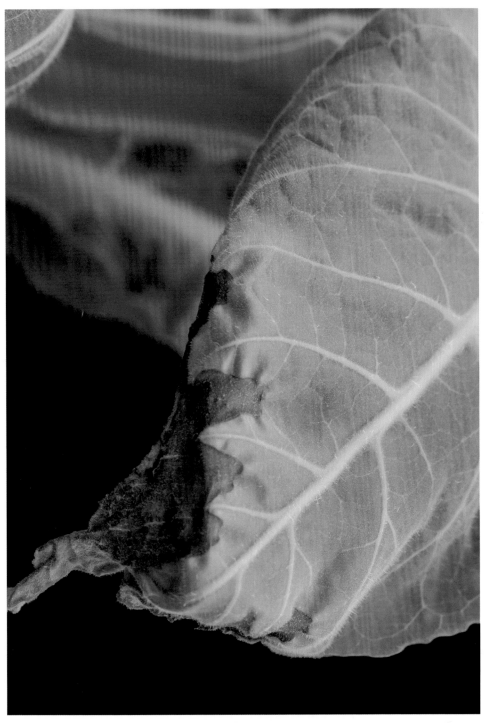

图11-14 症状加重，叶尖端出现棕褐色坏死

图11-15　另一种缺铜症状，烟叶中下部叶片沿叶脉两侧出现浅白色斑点

图11-16 斑点逐渐增多，部分连接形成沿叶脉两侧发展的小斑块

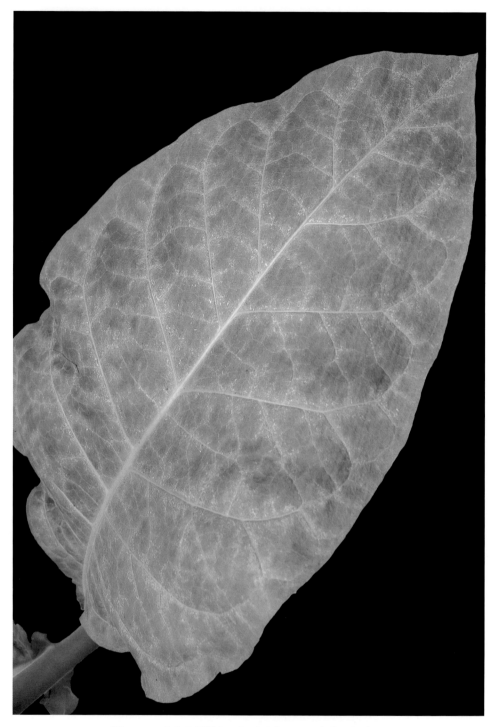

图11-17 斑点逐渐增多，沿叶脉发展，形成花纹状花叶

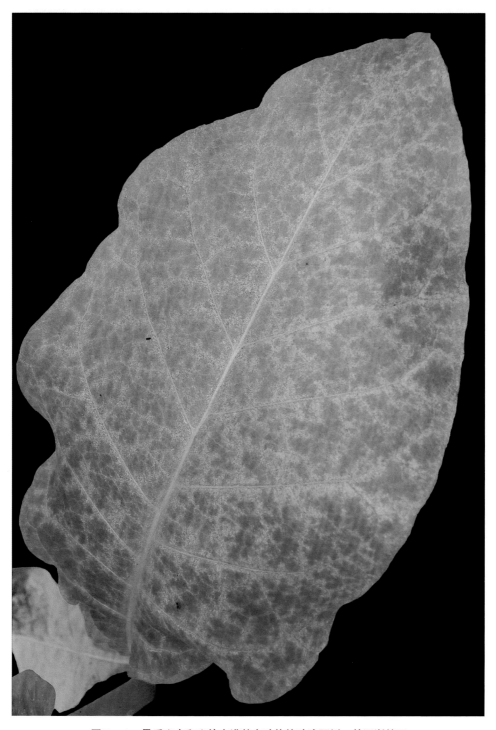

图11–18 最后斑点和斑块布满整个叶片的叶脉两侧，并逐渐枯死

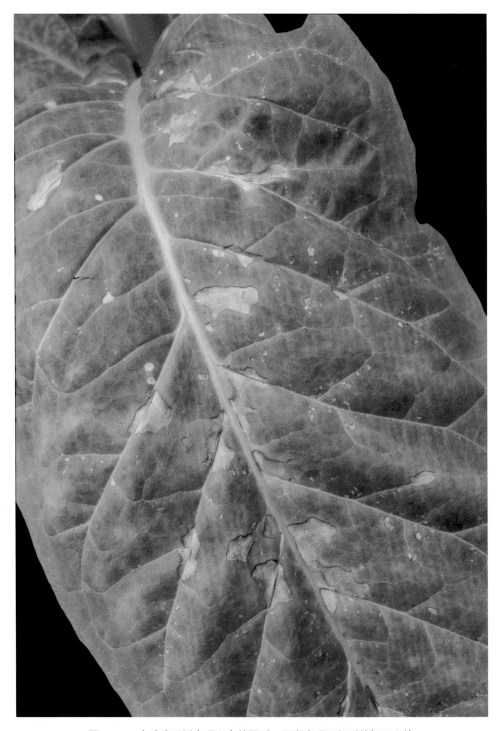

图11-19　在叶脉两侧出现斑点的同时，逐渐出现不规则的坏死斑块

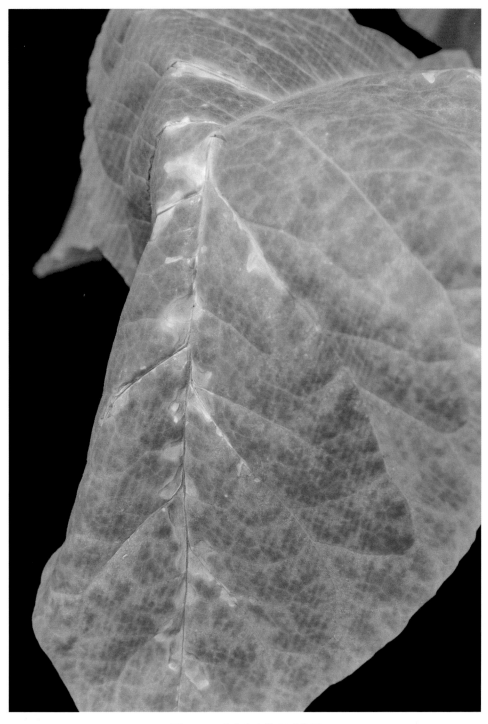

图11-20 斑点和斑块同时发展

图11-21　正常烟株与铜中毒烟株比较

铜中毒

正常

图11-22　烟草铜中毒，首先新叶黄化

图11-23　铜中毒较轻的烟叶，新生叶褪色，中上部叶树枝状花叶明显

图11-24　黄化逐渐加重，中部叶向白化发展；上部叶树枝状花叶明显

图11-25　上部叶逐渐黄化，小叶脉褪色，烟叶生长严重受阻

参考文献

[1] 《常用肥料使用手册》编委会. 常用肥料使用手册 [M]. 成都: 四川科学技术出版社, 2010.

[2] 王忠. 植物生理学 [M]. 北京: 中国农业出版社, 2000.

[3] 陈江华, 刘建利, 李志宏, 等. 中国植烟土壤及烟草养分综合管理[M]. 北京: 科学出版社, 2008.

[4] 中国农业科学院烟草研究所. 中国烟草栽培学 [M]. 上海: 上海科学技术出版社, 2005.

[5] 刘国顺. 烟草栽培学 [M]. 北京: 中国农业出版社, 2003.

[6] 王瑞新. 烟草化学 [M]. 北京: 中国农业出版社, 2003.

[7] 刘铮. 中国土壤微量元素 [M]. 南京: 江苏科学技术出版社, 1996.

[8] 韩锦峰. 烟草栽培生理 [M]. 北京: 中国农业出版社, 2003.

[9] 周冀衡, 朱小平, 王彦亭, 等. 烟草生理与生物化学 [M]. 合肥: 中国科学技术大学出版社, 1996.

[10] 王国峰, 朱金峰, 刘芳, 等. 营养液氮浓度对烟草苗期矿质养分吸收与积累的影响 [J]. 河南农业科学, 2014, 43（1）: 64-68.

[11] 谢喜珍, 曾文龙. 烤烟施用磷肥试验研究 [J]. 福建农业科技, 2010, 5: 66-68.

[12] 岳伦勇, 何华波, 朱列书, 等. 烟草的磷素营养研究[J]. 现代农业科技, 2014, 23: 238-240.

[13] 王英锋, 徐高强, 代卓毅, 等. 低钾胁迫下不同钙浓度对烟草钾吸收的影响 [J]. 中国烟草科学, 2021, 42（2）: 15-21.

[14] 介晓磊, 刘芳, 化党领, 等. 不同浓度钾营养液对烟草苗期矿质营养吸收与积累的

影响 [J]. 干旱地区农业研究, 2009, 27（3）: 158–162.

[15] 解文贵, 周健红, 陈家龙. 钾素在烤烟不同生长期分布规律的初步研究 [J]. 贵州农业科学, 1996, 1: 45–46.

[16] 张一扬, 肖汉乾, 李明德, 等 . 钾素营养对烤烟生长及养分吸收的影响 [J]. 土壤通报, 2004, 35（4）: 466–469.

[17] 胡小凤, 王正银, 张国平, 等 . 烟草钾素营养研究进展[J]. 湖南农业科学, 2006, 4: 56–59.

[18] 范双喜, 伊东正 . 钙素对叶用莴苣营养吸收和生长发育的影响 [J]. 园艺学报, 2002, 29（2）: 149–152.

[19] 杨宇虹, 黄必志, 黄必志, 等 . 钙对烤烟产质量及其主要植物学性状的影响 [J]. 云南农业大学学报, 1999, 14（2）: 148–152.

[20] 刘坤, 周冀衡, 李强, 等 . 植烟土壤交换性钙镁含量及对烟叶钙镁含量的影响 [J]. 西南农业学报, 2017, 30（9）: 2065–2070.

[21] 胡建新, 汪莹, 彭成林, 等 . 攀枝花烟区土壤交换性钙、镁含量评价 [J]. 西南农业学报, 2011, 24（4）: 1415–1418.

[22] 介晓磊, 刘世亮, 李有田, 等 . 不同浓度钙营养液对烟草矿质营养吸收与积累的影响 [J]. 土壤通报, 2005, 36（4）: 560–563.

[23] 李晓婷, 张静, 林跃平, 等 . 云南保山烟区土壤与烟叶钙镁含量分布特征及相关性 [J]. 土壤通报, 2019, 50（1）: 131–136.

[24] 胡国松, 赵元宽, 曹志洪, 等 . 我国主要产烟省烤烟元素组成和化学品质评价 [J]. 中国烟草学报, 1997, 3（3）: 36–44.

[25] 崔国明, 张小海, 李永平, 等 . 镁对烤烟生理生化及品质和产量的影响研究 [J]. 中国烟草科学, 1998, 1: 5–7.

[26] 刘国顺, 符云鹏, 刘清华, 等 . 镁肥施用量对烤烟生长及产量、质量的影响 [J]. 河南农业大学学报, 1998, 32(增刊）: 34–37.

[27] 李明德, 肖汉乾, 余崇祥, 等 . 湖南烟区土壤 K、Mg 营养及其施肥效应 [J]. 土壤通报, 2004, 35（3）: 323–326.

[28] 张森, 王林, 许自成, 等. 曲靖红壤烟区有效镁、速效钾交互作用对烤烟钾、镁、钙吸收及品质的影响 [J]. 中国土壤与肥料, 2018, 1: 87–93.

[29] 李士敏, 朱富强, 刘方, 等. 贵州黄壤旱地有效镁的含量与镁肥盆栽效果分析 [J]. 贵州农业科学, 1999, 27（2）: 31–33.

[30] 李伏生. 红壤地区镁肥对作物的效应 [J]. 土壤与环境, 2000, 9（1）: 53–55.

[31] 刘世亮, 刘芳, 介晓磊, 等. 不同浓度镁营养液对烟草矿质营养吸收与积累的影响 [J]. 土壤通报, 2010, 41（1）: 155–159.

[32] 曾睿, 何忠俊, 程智敏, 等. 不同施镁水平对云南烤烟生长、产量及养分吸收的影响 [J]. 中国农学通报, 2011, 27（7）: 88–92.

[33] 何春梅, 李昱, 李清华, 等. 烤烟生长需镁关键生育期的研究 [J]. 湖南农业科学, 2012, 7: 42–43, 46.

[34] 邵岩, 雷永和, 晋艳. 烤烟水培镁临界值研究 [J]. 中国烟草学报, 1995, 2（4）: 52–56.

[35] 关广晟, 屠乃美, 肖汉乾, 等. 镁对烟草生长及叶片叶绿素荧光参数的影响[J]. 植物营养与肥料学报, 2008, 14（1）: 151–155.

[36] 李丽杰, 乔婵, 赵光伟, 等. 烤烟叶片成熟过程中钙镁铁含量的变化 [J]. 华北农学报, 2007, 22: 148–151.

[37] 陈星峰. 福建烟区土壤镁素营养与镁肥施用效应的研究[D]. 福建农林大学硕士论文, 2005.

[38] 刘勤, 赖辉比, 曹志洪. 不同供硫水平下烟草硫营养及对 N、P、Cl 等元素吸收的影响 [J]. 植物营养与肥料学报, 2000, 6（1）: 63–68.

[39] 朱英华, 屠乃美, 肖汉乾, 等. 硫对烟草叶片光合特性和叶绿素荧光参数的影响 [J]. 生态学报, 2008, 28（3）: 1000–1005.

[40] 谭小兵, 杨焕文, 徐照丽, 等. 高硼植烟土壤对烤烟生长发育的影响及其钾肥调控措施 [J]. 南方农业学报, 2017, 48（10）: 1789–1794.

[41] 李振华. 不同硼、锌供给水平对烤烟生理特性以及硼、锌吸收和分配的影响[D]. 河南农业大学, 2008.

[42] 刘友才, 徐建平, 徐志刚, 等. 不同施硼措施对云烟 87 生长和产质量的影响[J]. 中

国农学通报, 2009, 25（14）: 178–181.

[43] 晋艳, 邵岩, 雷永和. 烟草需硼临界值及田间叶面施硼肥效研究 [J]. 烟草科技, 1996, 2: 32–34.

[44] 牛育华, 李仲谨, 郝明德, 等. 植物硼素的作用机理及其研究进展 [J]. 安徽农业科学, 2009, 37（36）: 17865–17867.

[45] 陈江华, 刘建利, 龙怀玉. 中国烟叶矿质营养及主要化学成分含量特征研究 [J]. 中国烟草学报, 2004, 10（5）: 20–27.

[46] 唐年鑫. 应用同位素示踪研究烟草对锌、锰、铁和钙元素的吸收利用与分布 [J]. 中国烟草科学, 1997, 1: 23–27.

[47] 何晓冰, 王晓强, 葛少华, 等. 烟草生育期土壤有效铁和锰的时空变异性研究 [J]. 山东农业科学, 2018, 50(1): 101–106.

[48] 白羽祥, 杨焕文, 徐照丽, 等. 不同锌肥水平对烤烟光合特性和产量及质量的影响 [J]. 中国土壤与肥料, 2017, 2: 102–106.

[49] 赵传良. 烤烟锌肥与关联养分调施技术的探讨 [J]. 土壤肥料, 2001, 3: 32–35.

[50] 姚倩, 范艺宽, 许自成, 等. 施锌对烟草含氮化合物积累的影响 [J]. 植物生理学报, 2017, 53（6）: 1023–1029.

[51] 黄学跃, 樊在斗, 柴家荣, 等. 有机肥与中微肥对晒烟品质的影响 [J]. 云南农业大学学报, 2003, 18（1）: 10–13.

[52] 刘铮. 我国土壤中锌含量的分布规律 [J]. 中国农业科学, 1994, 27（1）: 30–37.

[53] 陶晓秋, 夏林, 黄玫. 四川省植烟土壤有效态微量元素含量评价及施肥探讨 [J]. 烟草科技, 2003, 11: 43–45.

[54] 陶晓秋. 四川西南烟区土壤有效态微量元素含量评价[J]. 土壤, 2004, 36（4）: 438–441.

[55] 艾绥龙, 马英明, 牛瑜德. 水培条件下烟草锌临界值探讨 [J]. 陕西农业科学, 1999, 1: 13–15.

[56] 张乐奇, 张学伟, 李爱芳, 等. 锌素营养及其在烟草中的应用研究 [J]. 湖南农业科学, 2010, 19: 58–60.

[57] 李朋发, 侯欣, 刘朋, 等 . 锰、锌元素在烟叶中的含量及分布特征 [J]. 中国烟草科学, 2016, 37（6）: 27–31.

[58] 王学锋, 师东阳, 刘淑萍, 等 . 烟草对重金属锰的吸收积累及其相互影响 [J]. 环境科学与技术, 2007, 30（4）: 19–20.

[59] 刘铮, 朱其清, 韩玉勤 . 土壤中锰与锰肥的应用[C]//刘铮, 吴兆明 . 中国科学院微量元素学术交流汇刊. 北京: 科学出版社, 1980: 136–145.

[60] 田茂成, 黎娟, 田峰, 等 . 湘西植烟土壤有效锰含量及变化规律研究 [J]. 湖北农业科学, 2013, 52（17）: 4103–4106.

[61] 刘炳清, 李琦, 蔡凤梅, 等 . 烟草铜素营养研究进展[J]. 江西农业学报, 2014, 26（3）: 76–79.

[62] 刘鹏, 张艳英, 吴玉环, 等 . 铜胁迫对烟草养分吸收和根系生理的影响 [J]. 浙江师范大学学报 (自然科学版), 2009, 32（4）: 442–447.

[63] 李宽, 孙婷, 刘鹏, 等 . 铜对烟草光合特性的影响 [J].广东农业科学, 2007, 1: 15–17.

[64] 徐照丽, 张晓海 . 利用铁、铜间相互作用减轻烤烟铜毒害的研究 [J]. 中国烟草科学, 2006, 2: 37–40.